標竿學院 GC020

精準整理

最強！工作與金錢整理絕技，
招招改變你的職場運和財富收入

速溶綜合研究所——著

方言文化

~推薦序~

精準整理，知識工作者的必備能力

幸福行動家創始人、時間管理講師／張永錫

　　很久沒有看到一本有關於「整理」，內容豐富而圖文並茂的好書了。本書作者群非常認真，將東、西方有關「整理」的知識，結合自身工作經驗提煉出的技巧，幫讀者逐漸架構做好「整理」這件事情的脈絡。我的工作是講師，常常要出差，也需要使用電腦，更要好好運用自己的辦公桌面空間，我驚喜地發現，這本書竟然都提及，不僅如此，還提供許多技巧，讓我可以一面看書，一面實踐。

　　長距離的出差，需要帶著行李箱，至於短距離的演講，就靠公事背包了，我將背包分成三層，有各自的用途。最後一層，放的是演講用筆電、轉接頭、課程道具等有關演講部分相關的器材；第二層是衣物及盥洗用品，有時只要帶著簡便的換洗衣物，就可以讓我在出差地旅館過上一夜；最前面一層則是筆記本、筆、便利貼等用品，偶爾還會帶上一本書，方便隨時閱讀。

　　這本書讓我發現，原來只要靠著三層整理的概念，就可以讓公事背包高效運行，這是我覺得驚豔的第一個工具。

　　職業講師經歷多年，這幾年才懂得電腦的桌面及檔案都需要整理。我把自己整理電腦的想法和書中文字比對，也有許多收穫。首先，是桌面管理，有些人會把桌面當成檔案的暫存區，我自己的偏好則是一個檔案都不放在桌面上，而是統一放在檔案夾中。

其次，是檔案的分類法，我也有自己一套做法，第一個是依屬性分類，看這是投影片、財務收支，或是報名名單等不同類型；第二是依時間軸分類，我會把演講日期作為資料夾命名的一部分，讓電腦自動排序；第三是依使用頻率分類，有的是時時更新的常用資料夾，有的是一年才用到一次的，有些則是偶爾會參考的，都是影響分類的考量因素。

最後，是檔案夾的基本規則，我會把所有檔案放在蘋果電腦的「文件」檔案夾，並且和家中書房的NAS同步保存；檔案夾不超過三層；命名的規則是「建立日期-活動或資料內容-主辦城市-負責人」，例如「171230-FAST時間管理術（下）-台北-Tammy.key」。

使用電腦享受其便利性，但也要做好檔案的管理，這是身為知識工作者必備的能力。

實體的工具最不容易整理，和書中把桌面劃分成不同區域的概念雷同，我採用九宮格的方式來整理自己的書桌：書桌中間是墊高的筆電，下方空隙可放入耳機袋、便利貼等最常用的文具。正前方是藍芽鍵盤，正後方是處理完的文件。左邊是茶杯，右邊則是放有慣用的螢光筆及原子筆的筆筒。左上方是收納各類文件的檔案匣，右上方則是最近參考書籍及紙本文件。右下放著藍芽滑鼠／觸控板，最後的左下則是筆記本。讓自己就算面對再多的工作，也能自動形成高速工作流程。

當然，本書還有許多獨特亮點，例如版面安排，一段文字，一張圖片，跨頁就有圖解；說明建立個人情報站的方法及工具；理財觀念的介紹及梳理，這些內容就需要你好好閱讀來獲得囉。

比基涅斯博士　　　　　　性別：男　年齡：55歲

即溶綜合研究所的研究員，專攻社會學。常年帶著助手到不同的地方去考察，喜歡在隨身攜帶的手帳上記錄各種細節。最近對於社會人的自我啟發也開始有了興趣，最喜歡的身體部位是鬍子。

艾瑪　　　　　　　　　　性別：女　年齡：25歲

比基涅斯博士的得力助手。由於曾經有過新聞記者的經歷，所以對於現場的確認特別執著。認真是艾瑪最大的特點，因此她很多時候說話比較直，但是個內心非常淳樸善良的女子。

小廣　　　　　　　　　　性別：男　年齡：23歲

剛入公司一年的小職員。在大學裡沒有過社團活動經驗，所以社交方面不是很擅長。遇到困難時愛獨自想像情景，不過最終還是會回到現實。雖然在工作上也容易糾結，但是同時也很喜歡動腦筋，遇到挫折總能找到戰勝的方法。

小星　　　　　　　　　　性別：男　年齡：28歲

在職六年，是小廣所在部門的前輩，也是林組長得力的助手。平時性格開朗，樂於助人，經常會幫助公司其他同事。喜歡將自己的有效工作經驗與大家分享，受到眾人的喜愛。

小步　　　　　　　　　　性別：女　年齡：22歲

跟小廣同一年進公司，座位在小廣的正後方。擅長Excel等辦公軟體，非常樂於在這方面幫助同事。由於重視小組精神，部門成員在一起討論問題的時候，她經常充當積極發言的角色。

公司裡的同事

　　　　　　　　　　　　小池　　小澤　　林組長

小廣公司裡的上司和同事們，彼此很和睦，經常在一起討論問題，互相幫助。雖然各自的想法常常不同，但他們的意見成了小廣在危急時刻「腦洞大開」的助力。

CONTENTS

Chapter

1 改變你一生的精準整理

Chapter

2 資料整理要及時，價值最高最有效

Chapter

3 電腦檔案的神奇整理術

Chapter

4 辦公環境懂整理，工作順心又順手

Chapter

5 財務整理做對了，改變你的財運與生活

Chapter

6 工作整理精準到位，每天多出一小時

Chapter

7 不懂時間整理，工作生活註定很糟

Chapter 1

改變你一生的 精準整理

CLEAR ARRANGEMENT

　　說到整理，各位應該會認為就是清掃一下，維持房間整潔度。其實不論是在生活中還是在工作中，整理房間也好，整理辦公桌也好，整理電腦檔案也好，精準整理指的是一種合理規畫、有效利用資源的能力。所以在這一章裡，我們就帶各位認識一下它。

Theme
1

善用筆記術，
清空腦袋

　　在現代社會的快節奏生活中，我們每天都要處理各式各樣的事情。學習、工作、家庭、個人，事情一多，難免感到煩心。總覺得千頭萬緒，卻無處下手。腦中考慮的事情太多，往往容易因為處理不及或疏忽大意而造成嚴重的心理負擔，讓自己處於焦慮的狀態中，像背著沉重的負擔，無法自如地前行[註1]。

　　其實，不如用筆將這些待辦事項逐條寫下，進行思緒整理。整理思緒的過程也是將大腦清空的過程，清空之後，才能集中精力一件一件地去處理。一支筆、一張紙，不用考慮太多，將盤據在你心頭的想法全部都付諸筆端，你會發現，每寫下一件就好像從心裡卸下了一份沉重的貨物。當你將腦中的想法全部清空時，大腦也將從重負中解放。寫在紙上的待辦事項，可以根據事情的輕重緩急程度來安排處理的順序，既能為重要的事情預留大部分時間和精力，也不會因為忙碌而忘記了瑣碎的小事。

　　所以各位看，當我們用筆記讓大腦清空後，大腦反而可以變得更加靈活，不會再為了過多的瑣事而煩惱，能讓我們更加從容地去面對生活。

每天處理各式各樣、大大小小的事情總會讓人心煩意亂，如果能夠有效地整理這些事情，你就會變得更加輕鬆。

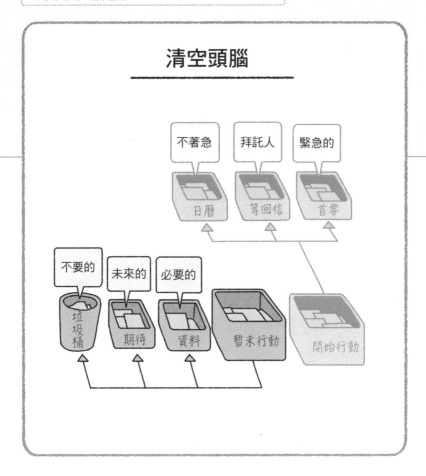

養成用筆記記錄待辦事項的習慣後，你會發現：雖然事情還是那麼多，但因為有了及時的自我整理和規畫，讓我們對待辦事項的多寡和難易程度有了直觀的把握，再也不會有「我有好多事情要做，可實際上有哪些我也說不清楚」的忙亂感和焦慮感了。

無論是公務繁忙的男性，還是處理家庭瑣事的女性；無論是

利用紙筆來整理這些要做的事項，可以讓你更清晰地去判斷做事的先後順序，就會事半功倍。

退休的老人，還是校園中的學生，每個人的生活中都會有各式各樣的事務等待處理。

找到紙筆，把腦中牽掛的事情全部寫下來，不用分是工作還是私事。然後，分成「開始行動」和「暫未行動」兩類。

在「開始行動」這一大類中，將兩分鐘內可以完成的事情優先處理掉。複雜事務則可以分類到「計畫」裡，等待用一整段完整的時間和充足的精力去全力完成；緊急的事務列入「首要」裡，是接下來立刻要著手去做的事情；拜託人的事情列入「等回信」；不急的事情列入「日曆」。

「暫未行動」中，必要的內容列入「資料」，將來實施的列入「期待」，不會再接觸的則可以丟進「垃圾桶」。

Theme 2　番茄工作法，適當休息重整大腦

　　很多人以為自己掌握了整理力和時間管理的方法，就覺得充滿了幹勁，將日程表排得滿滿的。殊不知，這樣很容易產生疲勞感，導致日程表中的計畫無法按時完成。自己制訂的計畫，自己卻沒有完成，很容易會帶來挫敗感和其他負面的情緒。這樣一來，整理的能力似乎並沒有給我們帶來任何好處啊！

　　其實，問題出在我們自己身上。因為我們在整理工作內容、制訂計畫時，卻忽略了休息時間。在多數人的觀念裡，會覺得休息就是玩樂，就是浪費時間、耽誤行程，這其實是大錯特錯的想法。休息可以讓我們從上一段的忙碌時間中獲得喘息的機會，使大腦和身體都得到短暫的放鬆。適當留出休息時間，勞逸結合才會有更高的效率。

　　不僅如此，所有事情的進度並不會因為休息的時間而停止，有時候，休息反而是讓事情成功的最好催化劑。眾所周知，釀酒時如果使用速成的方式，通常會導致酒味平淡；而那些甘醇濃郁的酒，往往是經歷了豐富的沉澱期才釀就的。

　　休息並不是指不工作，而是在有條理的工作進度表中插入適

這裡的內容看起來似乎與時間管理有相似之處，但其實兩者有本質的區別：時間管理是如何利用時間高效管理的方法；整理工作卻是高效利用時間管理的前提。

量的休息時間，這樣不僅可以放鬆身心，還能保證自己有足夠的腦力和精力來更好地完成剩下的工作。

　　我們要介紹的番茄工作法（Pomodoro Technique）就是一種簡單易行的時間整理法，不僅可以提升集中力和注意力，還注意到要保留休息的時間。

其實很多時間管理方法都與時間整理的內容相似，只要在工作前好好整理你的工作日程表，就會更加輕鬆。

選擇一個待辦事項，運用番茄工作法：將番茄時間設為二十五分鐘，在這期間內專注工作，中途不得做任何與該工作任務無關的事情。直到一個番茄時間（即二十五分鐘）結束，在紙上畫一個X後，進行短暫的休息（五分鐘）。每四個番茄時間可以多休息一會兒。

番茄工作法不僅可以大大地提高工作的效率，還會讓我們在堅持中獲得意想不到的成就感。每二十五分鐘一次的休息時間，可以放鬆身心。而把繁雜的工作劃分成一個個小部分去逐一擊破，更需要這五分鐘的休息時間來提煉想法，為後續工作提供更加冷靜的決斷。大腦也有可能在放鬆的休息中迸發出新的好點子。

Theme 3 圖解化整理，激發左右腦潛能

　　有研究表示，比起文字，大腦其實是更樂意看圖的。尤其是色彩豐富的圖畫，更能刺激大腦皮層，引發更多豐富的聯想。如今很多中小學都引入了心智圖的教學模式，用畫圖的方式整理思緒，更加直觀也更受歡迎，同時也符合了知識的網狀結構，幫助我們觸類旁通。

　　心智圖是能夠有效表達發散性思維的圖解思維工具，簡單又效果明顯。心智圖注重圖文並茂，用關鍵字與圖像、色彩等元素建立記憶連結。充分運用左右腦的機能，利用閱讀、思維、記憶的科學規律，幫助人們在感性與理性之間找到契合點，在科學與藝術、邏輯與想像之間平衡發展，從而開啟大腦的無限潛能。

　　由此可見，適量的圖解能幫助整理大腦的思維、減輕心理的負擔，讓我們更有創造力。人的左腦和右腦是分工的，左腦是掌管理性部分的線性思維大腦；右腦是掌管感性部分的非線性思維大腦。圖解的方式可以讓兩種思維同時進行，使大腦的處理能力顯著提高。

　　簡易的圖解掌握起來十分簡單，學會了立刻就能上手。以閱

比起文字，其實大腦是更樂意看圖的。純文字的表達方式，會增加大腦的負擔，讓大腦容易疲勞。

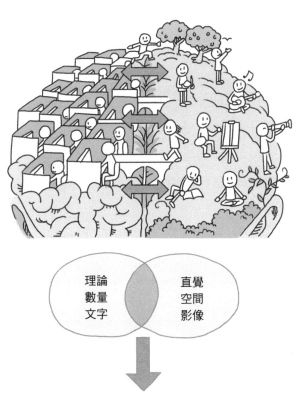

透過文字和圖解進行思考，能夠促使左右腦同時使用，使你處理問題的能力得到提升

讀計畫為例，可以用圖解的方式來整理：

　　第一步，把主題詞框起來。將「二〇一六年閱讀計畫」幾個
字寫在紙的最中間，用粗線條框起來。以此為中心開始發散，環
繞著主題詞，可以從自己的興趣出發，寫下：「必讀」、「個人成
長」、「文學」、「office」等關鍵字。

我們把心中所想的書目都寫下來後，便會更加直觀地看到自己的閱讀喜好和方向，閱讀立刻變得有趣而高效。

第二步，用不同顏色的線連接。用不同顏色的彩色筆將主題詞與第二層關鍵字連接起來，可以用紅色畫「必讀」部分，用藍色畫「個人成長」。

第三步，加入箭頭和圖示。在第二層關鍵字下繼續聯想，用箭頭或圖示作為區分。例如在「個人成長」部分聯想為——「你的知識需要管理」、「簡單的邏輯學」、「番茄工作法」等等。

注意，在圖中，框的粗細和連線代表的關係都可以組合起來，形成不同的含義。

我們把心中所想的書目都寫下來以後，便會更加直觀地看到自己的閱讀喜好和閱讀方向。比起單純地列書目，要更加有趣和高效。

手帳速記三原則，隨時記錄不漏失

　　你是不是曾經在各種日劇及動漫作品中見過這樣的筆記本——它通常外觀精美，內容豐富。原本只是一個長得比較美的本子而已，打開來卻發現它的內容和功能都十分強大：有十分詳細的日程表，有些甚至可以精確到每小時的排程；有記帳區，用來幫助記錄每天的金錢開支；還有通訊錄、發票夾和生日提醒，有些有特色的本子甚至還有旅行紀錄和美味食譜，而這種看似混亂卻內容豐富的筆記本，就是傳說中的手帳！

　　「手帳」二字起源於日本，原文在日語裡是「筆記」的意思，但手帳並不只是簡單的筆記本，它是集排程、記事、簡略日記，甚至百科大全為一身的超級手冊。這些精美的手帳具有強大的整理功能，同時還能滿足不同類型人的需要。比如，主婦專用手帳包含有家計支出的內容，而學生專用手帳會特別加入課程表以及成績追蹤等部分。很多人記手帳的初衷是為了規畫時間、記錄生活。的確如此，記錄生活中簡單的美好，透過每天寫下的點滴小事，獲得了充實的小幸福。而利用手帳做好時間規畫，更能時刻提醒自己要完成的計畫。

長期寫手帳，能讓你從繁雜的事務中得到解脫，混亂的生活狀態也會因此變得更加井然有序。

家計支出
買菜：XXX
日用品：XXX
奶粉：XXX

（家庭主婦）

課程表
數學 07:00-09:40
英語 10:00-10:40

（ 學生 ）

日程安排
10:00 開會
14:00 見客戶
16:00 交方案

（上班族）

長期寫手帳，不僅能將生活整理得井然有序，更會獲得滿滿的幸福感。記手帳的目的是為了更確實地掌握生活，因此，必須探索出最適合自己的記手帳方法。

在這裡，我們介紹一種極簡手帳記錄法。因為手帳的很多功能都被現代科技所代替了，例如電話簿被手機通訊錄取代。所

隨身帶、隨時記，用簡單的語言或圖示來表達，你會迅速想起自己接下來應該完成的計畫。

以，如果你想利用每天晨間十分鐘的時間記手帳的話，只要整理重要的資訊就可以了。極簡手帳的三個規則：

1. 預約或安排事項確定了就馬上記下來

與客戶約了時間、參加孩子學校的家長會、為車輛購買下一年的保險……這些事項只要安排了，就立刻記到手帳中去。

2. 保持隨身攜帶並確認安排的習慣

將手帳隨身攜帶，完成一件事便打一個勾，表示「已完成」，同時也在大腦中將這件事清空。

3. 想到任何重要的事情先記下來

如果你是作家，有靈感就趕快記下來。也許在洗澡、發呆時，腦中會閃過一些念頭，要及時將這些重要的事情記到手帳中。由於時間緊急，也許你只能寫一兩個字，或者簡單畫個示意圖，這都沒關係，只要有助於你在有空時想起這個念頭就好。

大腦記憶易疏漏，日程安排不可少

　　我們都知道，光依靠大腦記憶很容易會產生疏漏，而且還會給大腦造成負擔，耽誤工作。所以在本章第一節我們介紹了在事務繁多的時候，用筆記讓大腦清空的方法。只要把要做的事情都統一寫下來，就能一目了然地知道接下來要做些什麼。

　　那麼在這裡，我們推薦各位在處理事情之前，將自己的事務安排先寫進日程表。因為只有把腦中所想的事情都寫下來，清空大腦，並且安排好下一步的計畫，才能心無掛念，全力以赴地做好手上的工作。

　　我們都有過類似的經歷——當有事情縈繞在心頭的時候，往往會因為不時地想起它而耽誤當前的工作，或是乾脆就忘記去做了。養成安排日程表的習慣後，可以將所有的事情都羅列出來，仔細分類後再確定下一步的實施方法，將待辦和正在辦的事情都控制在我們可以調控的範圍內。

　　日程表可以直觀地將待辦事項記錄下來，時常翻看就能時常提醒自己。只要簡單的整理記錄，就能為自己提供籌備的時間，信心滿滿地去面對各種事情[註2]。

僅僅依靠大腦記憶很容易造成疏漏，如果不學會用日程表記錄，不但會耽誤當前的工作，而且也可能影響即將要做的工作。

日程表

① _____
② _____
③ _____

SUN MON TUE WED THU FRI
3 March 2016

❗ 日程表能夠把你的大腦清空，有助於思考。

　　製作日程表這項工作看似簡單，實際上還是有需要注意的幾個地方：

　　第一，寫入日程表之前，一定要清晰地把握每項工作的內容。將你能夠想到的所有待辦事項統統羅列出來，寫進日程表

試著用日程表記錄，並且不斷地回顧檢查，你會發現你的工作效率大大提高了。

中。把你心頭記掛的一切事情都暫時趕出大腦，用心記錄下所有的工作。

　　第二，定期對日程表中的事項進行清空，按照是否可以付諸行動來區分，並且為將要完成的工作設置一個合理的完成期限。對確定要執行的事項進行劃分，例如：立刻要做的、將要做的、未來某天要做的，不斷細化。按照劃分開始行動，同時根據事情的重要程度、所需的時間、自己的精力情況等來選擇立刻要做的事情，一件一件地完成。並且透過不斷地回顧，來檢查是否完成了待辦事項，是否合理地安排了日程。如果安排得過於緊湊，事情不能按時完成也會影響後面的事項進行。

　　第三，我們之所以會充滿壓力，很多時候是因為事情在大腦中混沌塞積，造成心理的焦慮和牴觸。所以我們要做的就是逐一清點大腦裡堆積的這些事情，將它們統統記在大腦之外的日程表上，讓大腦有足夠的記憶體去進行思考，把大腦從思維困境中解救出來。

避免反覆整理，習慣很重要

　　生活中常常有這樣的人——他們三天兩頭地整理，喜歡將所有的東西拿出來，折疊或整理好又放回原處。看似進行了整理，但沒多久又陷入無序狀態，不見任何起色。反覆出現這樣的迴圈，原因之一就是他們並沒有真正養成整理狀態的習慣。因為整理不是一時的，長久的保持才是整理的真正意義。

　　當你經歷過稍嫌糾結的「斷捨離」後，扔掉了大部分讓你不再心動的物品，在清新的空氣中重新布置了住家和辦公桌，這樣舒心自然的狀態是不是很好呢？試著想像一下，當每天醒來時，身上都穿著精心挑選過的舒服的睡衣（並非過時的舊衛衣），是不是很幸福？每天上班時，面對著井井有條的辦公桌，是不是內心充滿信心和力量？你會感謝那個辛苦整理的自己，換來了現在這樣舒適的環境。

　　所以整理的狀態應該是常態化的，只有將整理狀態保持成習慣，才能真正地從中受益。有條理的生活會悄然改變你的人生，它能讓你做足準備、輕裝上陣，更篤定地去面對生活中將要來臨的一切。

三天兩頭的整理對工作和生活並沒有實際幫助，整理後不注意保持，你會發現自己的生活狀態永遠都是忙亂的。

三天兩頭的整理會讓你一直處於忙亂中

保持整理的狀態會讓你更輕鬆

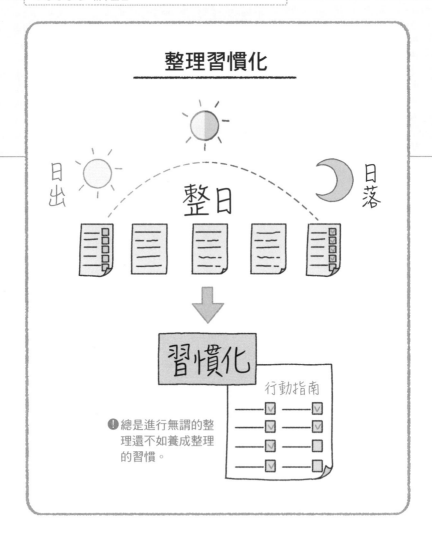

整理習慣化

日出

整日

日落

習慣化

行動指南

❗總是進行無謂的整理還不如養成整理的習慣。

　　為了避免「整理大業」無意義地重複、重來，最重要的就是習慣整理後的狀態[註3]。

　　首先，在一天結束時檢查整理的狀態。在一天將要結束時，

細節決定成敗！在各種小事上都養成整理的習慣，並努力堅持，堅決不讓那些壞習慣「殺回馬槍」。

檢查一下家裡各處是不是還符合整理的狀態：茶几上的報紙是否折好了，明天要用的包包是不是放在固定的位置；在辦公室也是一樣，利用將要下班的時間檢查一下文件是否歸檔，文具是否放回原處……

其次，早上留出時間整理今天要做的事情。一日之計在於晨，提前起床十分鐘，就能留出時間來規畫一天的行程。可以寫晨間手帳，把一天要做的整理工作都條列出來。初期可以制訂習慣列表，將要做的小事都寫下來，完成了就畫個勾。當二十一天的習慣養成期過後，你的大腦漸漸就會習慣每天要做的改變了，如此一來，也能更好地維護整理的成果了。

最後，把整理方法作為行動指南嚴格遵守。將自己當初整理時的方法作為居家、工作的行動指南，時刻謹記整理時的標準。在忍不住想把髒衣服堆在沙發上時；在又開始囤積大量衛生紙的時候，都不妨冷靜下來給自己敲響警鐘——快住手！還記得你的「整理大法」嗎？

CLEAR ARRANGEMENT

圖解製作與運用祕訣

　　我們經常會被繁重的工作和生活負擔壓得喘不過氣來，尤其是對於職場新人來說，在做好工作的同時還要兼顧學習和生活，實在不是件容易的事情。那麼如何快速、簡單、有效地理清工作和生活中的這些瑣事，對我們來說就顯得十分重要了。

　　關於如何去處理這些瑣事，其實方法很簡單。只要理清這些事情，明確地分解出重點，就能夠快速地找到定位，做起事來也會事半功倍。

　　其實在之前的內容中，我們也給各位介紹了一些自我整理的小方法，而最簡單、最實用的就是製作圖解。圖解能夠很精確地將一件事情整理清楚，讓你更順利地進行工作。那麼接下來，我們就告訴各位如何將這種方法運用到工作中。

　　製作圖解其實很簡單，因為圖解大部分是由箭頭和線條來組成的。在實際的運用過程中，有以下幾個小訣竅：

　　1. 兩個箭頭表示物品的「交換」、「移動」

　　如果在整理事物的時候進行了臨時的交換或移動，那麼為了方便自己不會在換完位置之後出現記憶混亂，可以在製作圖解

拿出你的筆，一起動動手，動動腦。

1
圖解製作
運用

2
整理
公事包

3
電腦檔
命名

4
整理類型
小測試

5
製作家用
計畫表

6
理順工作
流程

7
時間統籌
安排

時，在被交換或者移動物品的名詞上，用兩個箭頭標示，以便於將來把這些物品歸回原位。

2.連線和雙箭頭表示「協調」、「對立」

如果想要表現兩個觀點或者兩個事物是對立或協調的關係時，可以使用連線和箭頭進行表示。意思就是說，如果你想要表達的文字中的事項需要協調，那就用連線標示；如果要表示兩個觀點之間是對立的，便用雙箭頭標註。

3.虛線表示「過去」或者「未來」

「點」和「線」是最簡單、最直觀的表現方式，只需要把過去已經發生的事、已經做完的事以及未來計畫做的事，用虛線連接起來。這樣一來，就能分清已做和未做的事，避免工作中出現許多不必要的重複。

4.線的粗細大小表達「強度」、「著眼點」

若「週二和客戶見面」、「寫XX專案的提案」、「向上司彙報工作」這三個事項的重要程度逐項降低，就依次用粗到細的線來標示，讓自己學會分清事情的輕重緩急。

CLEAR ARR-
ANGEMENT

各位在使用此書的時候如果能實際嘗試一
下,會有更加切實的體會哦。

5.把構成要素「分解」掉

有些工作內容其實是一個總類,如果將它們進行拆解,可以
更直白地瞭解你所需要進行的工作專案。如「進行電話登記」這
一事項可以分為「新加入申請」和「變更、解約申請」,這樣就
可以瞭解不同的需求需要辦理哪些業務,在工作的時候也能夠幫
助你節省時間,少走彎路。

6.把資訊「集團化」。

把若干單體的組織或個體「集而團之」,使之發揮「團」的
優勢,即「集而團」。在工作中,某些類似的或者接近的事項可
以分為一類,即將相同類型、使用相同方法或有相同訴求的工作
分門別類,進行「集團化」處理。這樣就可以精準地規畫工作任
務,節省工作時間,從而更順利地完成工作任務。

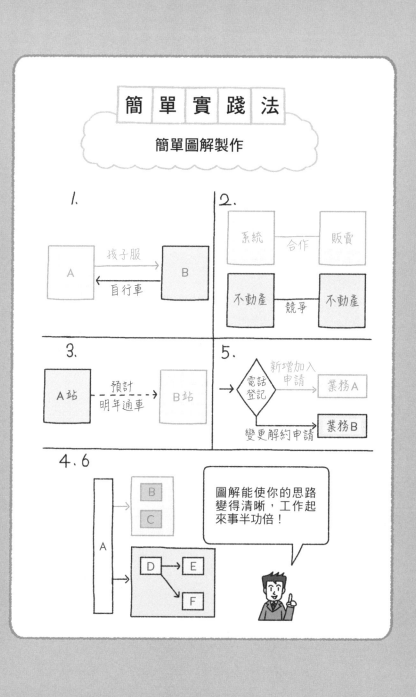

ACTIVE
TALKING

總 結 篇

Theme
1
把各項事務按類別寫出來,讓大腦清空。

Theme
2
不要急於求成,適當的休息會讓你的工作更加有效率!

Theme
3
比起文字,大腦會更青睞圖解哦!

Theme
4
學會使用手帳記錄和安排重要事務,你會發現它比現代科技更可靠。

Theme
5
有了日程表的幫助,就算遺忘了工作事項也不用擔心。

Theme
6
讓整理的狀態習慣化是整理最大的意義所在。

資料整理要及時，
價值最高最有效

CLEAR ARRANGEMENT

　　整理力強的人不僅僅能把文件整整齊齊地存放起來，更能使它們物盡其用。在他們手中，文件不僅方便取出，資訊也具有參考和利用價值。本章將為各位介紹一些簡單實用的整理檔的方法，如果你想成為一個工作高效的人，就請繼續往下看吧！

Theme 1　標籤索引會運用，搜尋找檔不費力

　　很多人認為把文件收拾好、放整齊，就算是整理妥當了。然而一旦到了需要某份文件的時候，卻又怎麼都想不起來它放在哪兒了，也許要到下一次大掃除的時候，它才會不經意地出現。

　　其實整理文件並不是沒有規律可循的，製作一份一目了然的索引，每天至少能幫你節省三十分鐘的時間。利用索引，可以將紛亂繁雜的文件進行分門別類的收納和管理，幫你把複雜凌亂的東西階層化羅列，從而節省時間，提高效率。製作索引還有另一個好處就是，它能讓我們在管理文件的同時，也把思路梳理清楚，讓知識結構在頭腦中變得更有條理。這樣一來，我們不僅能在取用文件的時候快速準確，也能讓頭腦中的思維結構變得更加縝密有序。脫離了混沌的狀態，工作起來必然信心滿滿。

　　索引以各種形式存在於我們的生活之中，例如常見的樓層索引牌，用於標明各樓層房間的公司行號，清楚明晰的樓層索引是現代建築不可少的組成部分。不僅如此，資料豐富的書籍卷末會有索引，結構複雜的網站也會有網站地圖。索引的目的在於讓人可以從宏觀上一目了然，讓一切行為變得有跡可尋。

文件收拾得再整齊，若沒有索引來指引，它們原本存放的位置便很難被想起，嚴重影響工作效率。

沒有索引的文件櫃會讓大腦處於混沌狀態

索引能幫助你迅速地找到需要的文件

索引的製作

1. 列出文件主要類型。

2. 命名不同的類型,並製作標籤。

目錄

3. 按照標籤開始製作文件索引目錄。

4. 將索引目錄貼在文件櫃最顯眼的地方。

如何製作索引,方法其實很簡單。

1.列出文件主要類型

列出文件類型的標準有很多種,有按經手人分類的、有按時間分類的、有按類別分類的⋯⋯比如你是財務人員,就會用「六

在參考這些方法的基礎上，結合自己的實際情況製作索引，總之就是要做到類別明確、位置醒目。

月工資表格」、「一季度公司報表」等方式進行分類。但無論用哪種方式，列出文件主要類型的目的都在於方便自己尋找。

2.命名不同的類型，並製作標籤

分好類型之後，將手頭的文件分門別類存放，可以用便利貼或專用的標籤貼做好記號。

3.按照標籤開始製作文件索引目錄

像製作論文目錄那樣為你的文件製作索引目錄吧！並且可以在第一層標籤下製作第二層標籤，便於更加細緻的管理。例如有關具體工作內容的標籤內，可以有不同專案的文件。注意，目錄要層次分明，並將工作文件都包括在內。

4.將索引目錄貼在文件櫃最顯眼的地方

將索引目錄貼在文件櫃上，務必使自己一眼就能看到。我們要知道，最好的方式是以通用的方法結合自己的實際情況，在每天的應用中找出不足，不斷完善，最終形成最符合自己需求的索引，這樣才會讓工作生活更加高效率。

Theme 2 舊資料該丟嗎？先懂文件生命週期

　　從產生到銷毀，每份文件都有自己的生命週期。不同的階段會轉移到不同的保管處，發揮用途，直到最終進入碎紙機。

　　文件的生命週期，在大學時代就能鮮明地感受到。我們以一門課程為單位進行文件的整理，將這一門課所涉及的資料都放在一起。剛上完課的講義資料可以放在一個A4資料夾裡，隨時取用學習；隨著課程的進展，便可逐漸移動到資料冊裡進行保存和查看；到了期末考試過後，就可以全部扔掉，這樣就完成了一門課程的文件生命週期。

　　我們應該要知道，從文件的誕生到消亡，隨著時間的推移和周圍環境的變化，文件的價值也在不斷發生變化。也許在課程學習進行當中，文件十分重要，而當知識被掌握後、考試結束後，這份文件的時效性和重要性就大大下降了，也許會被隨意堆放在書櫃某處，久而久之被遺忘。與其讓其占據空間，不如及時清理，為新的課程和知識留出空間和精力。

　　文件的生命週期也提醒著我們要好好利用文件，在它發揮功效的時期物盡其用，在任務結束後讓其進行「生命的終結」。那

不再具有時效性、重要性及可利用性的文件，要及時整理或丟棄，為下一階段的學習或工作留出足夠的空間。

資料用久了都會出現汰舊換新的情況

及時捨棄舊資料，為新的課程騰出空間和精力

文件處理流程

1. 進展中的資料用單獨資料夾。

2. 結束後的資料放在厚的資料冊裡。

3. 已經過了一段時間且不用的資料，放進文件櫃中或者用碎紙機處理。

麼如何在一個完整的生命週期中充分利用文件呢？

1. 進展中的資料用單獨資料夾

無論是進行中的項目，還是正在學習的課程，我們將一切進展中的文件都用單獨的資料夾進行保存，不僅保全了資料的完整性，也便於平時的翻看取用。

需要注意的是，我們在決定丟棄某些文件之前，要仔細考量這些文件在今後是否還有利用價值，沒有價值的應果斷捨棄，還有留存意義的謹慎保存。

2.結束後的資料放在厚的資料冊裡

在項目結束、任務完成、考試結束後，將所有的文件資料都放入厚的資料冊中，進行統一的歸檔和保存。

3.已經過了一段時間且不用的資料，放進文件櫃中儲存或者用碎紙機處理

過了一段時間後，確定文件不會再使用或者有更便捷的方式進行資料的收集時，就可以將歸檔的文件進行處理了。我們建議大部分的紙本文件在決定捨棄前，檢查是否有重複利用的可能，確定沒有利用價值後就進行捨棄，以減少資料的堆砌。對於那些確實有留存意義的文件，可以做好標記放進文件櫃。

將文件的整理工作放在平時去做，不僅提醒我們時時用「清空」、「極簡」的思路去處理文件，更能促使我們抓緊時間完成「待辦」的文件，提高工作的效率，不斷提升自我。

紙本缺失多，電子化最省時

Theme 3

每工作一段時間，桌子上就會出現合約草稿、會議便條紙、報表等各種文件，不知不覺中，自己已經身處一片混亂當中。即便是我們做了及時的分類歸檔，也還是會出現一些問題：

長時間存放紙本文件，由於環境因素使得紙張變黃損壞，導致資訊丟失；使用文件櫃來管理文件，占用了有限的工作空間；紙本文件需要重複列印，才能讓同一個工作小組的人同時查閱，浪費了大量紙張成本[註4]。如此看來，將這些文件進行電子化是最為有效，也是大數據時代最為常用的辦法。

很多紙本文件是可以隨即扔掉的。比如名片，用手機拍下重要資訊後就可捨棄；能找到PDF版的小冊子，也可以立即捨棄；印刷類的廣告樣品，在用手機拍取重要部分後也能捨棄。

甚至一些講座資料、薪水明細單、電子產品說明書等等，在將重要部分掃描儲存後也都可以扔掉。其實當你捨棄這些紙本文件時，你會發現工作並不會因此帶來不便，相反的，正因為處理掉了這些冗雜的紙本文件，心情會如釋重負。

把紙本文件轉化為電子檔，實現檔案電子化管理。

檔案電子化是減少紙本文件最有效的方法。利用掃描器、手機、Excel 等電子設備或軟體對有價值的文件進行掃描儲存，把不再有價值的文件及時處理掉。

過多的紙本文件會導致頭腦一團亂麻

檔案電子化讓你一身輕鬆

檔案電子化

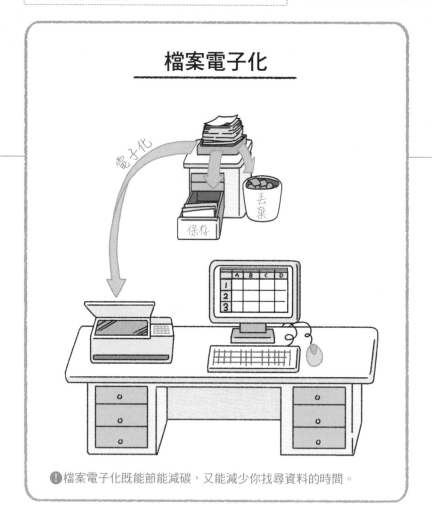

❗檔案電子化既能節能減碳，又能減少你找尋資料的時間。

1. 把沒用的文件即刻處理掉

　　會議通知、策畫草案、過期的表格……這些文件在其失去意義的當下，就應該即刻捨棄。

存入電腦後的文件也要仔細分類，方便自己以後能夠迅速查找。

2. 掃描或者用手機拍照進行電子化

關於學習類的文件、名片、宣傳冊等，都可以將其中重要的部分掃描下來或者拍照留存，其餘的部分則可以立刻捨棄。

3. 把照片用 Excel 等表格軟體命名備註

照片格式的文件在檢索時並不方便，容易出現遺漏。所以這時我們可以用 Excel 等表格軟體進行管理。文件掃描存入電腦後，根據內容為其建立檔案名稱，並按照前文說過的文件分類方法將檔案放入不同的資料夾，例如合約文件、工作文件、存儲資料等等，接著執行以下步驟——

（一）打開 Excel 表格，按照資料夾的分類建立不同的表格框。

（二）為各個表格框建立超連結。

（三）將不同的資料夾連結到相應的表格框內。

（四）原先表格框裡的字會變成藍色且有底線，即表示超連結完成，點擊就可打開相應的資料夾。

（五）同樣的，你也可以把文件連結到你指定的表格框下，以後的工作文件也可以輕鬆地管理了。

Theme 4 沉睡文件很少用，紅標管理最清楚

　　我們一直在談論如何整理文件，但是有些沉睡在櫃子、抽屜裡的文件可否扔掉，自己時常也會沒有把握。這種時候需要根據文件的使用頻率來決定。行業不同，文件的生命週期也不同。我們可以用紅標籤（註：Red Tagging，源自於日本的5S現場管理法，把不需要的或準備移走的物品上貼上紅色的標籤）來標示不再有利用價值的文件。

　　無論是物品還是文件，一直收納著且長期不動，都會讓它們處於無人關心的休眠狀態。所以，當你決定整理文件時，就需要將所有的文件從原本收納的地方全部拿出來。抽屜第三層的裡面半截、櫃子最上端……這樣的地方往往沉睡著一年以上沒有用過的文件，這些都是本節的清理目標。

　　根據使用頻率將文件分為高頻率和低頻率兩類。高頻率的文件一般是我們手頭工作中正在使用的，必須整理好以備留用。低頻率的文件一般包括合約類，這類文件雖然平時幾乎沒有使用的機會，但仍需要妥善保管好。其他因過了時效而用處不大的資料，就可以進行清理了。

我們在整理文件時，一定不能遺漏了類似櫃子頂端這樣的地方，儲存在這些地方的文件往往時間久遠，可持續利用的概率不高。

沒有標示的文件讓人手足無措

四年前的文件

紅標籤讓文件一目了然

最新文件

醒目的紅標籤

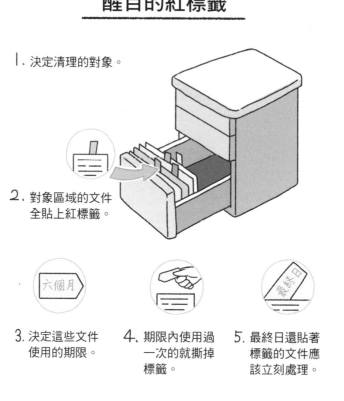

1. 決定清理的對象。

2. 對象區域的文件全貼上紅標籤。

3. 決定這些文件使用的期限。

4. 期限內使用過一次的就撕掉標籤。

5. 最終日還貼著標籤的文件應該立刻處理。

讓我們啟用紅標籤，開始清理工作。

1. 決定清理的對象

現在我們面臨的是辦公室內所有「沉睡」的文件，比如抽屜的第三層、文件櫃的最頂端、櫃子的最深處等。

如果自己對該丟棄和該保存哪些文件沒有把握，就根據自己的使用頻率貼標籤吧。標籤上註明文件的留存期限，及時處理掉那些在期限內一次都沒有使用過的文件。

2.對象區域的文件全貼上紅標籤

在待清理的文件上都貼上醒目的紅標籤。

3.決定期限

決定這些文件的使用期限，是六個月，抑或是一年。比如到期的合約、半年一次的統計報表等等，在紅標籤上寫上這些期限。那些你覺得也許某天會重新學習的講座資料，就寫上三個月的期限吧，三個月內如果你還是沒有打開它們，那麼就好好審視一下，問問自己是不是真的很需要它們。

4.期限內使用過一次的就撕掉標籤

在這些貼上紅標籤的文件裡，如果在你標註的期限內使用過，那麼就撕掉標籤，將文件從「待清理」的區域移出。

5.最終日還貼著標籤的文件應該立刻處理

三個月過去了，那些講座資料是否還貼著標籤？將那些超過期限還貼有標籤的文件立即處理掉吧。紅標籤為我們的清理工作留出了時間，而在期限內沒有使用到的文件，相信日後使用的機會也十分小。

Theme 5 須長期保存的文件，怎麼辦？

其實，無論我們怎麼整理，無論我們怎樣堅持創造極簡的工作環境，每個辦公環境都會產生一些不能被隨意扔掉的文件，因為總有那麼一些文件是需要長期保存的。

正如生活中我們也有這樣的記憶盒子，裡面裝著一些無法捨棄的文件。小時候寫過的作文、和好友合影的相冊、充滿感情的信件……這樣的東西不同於一般的文件，因為傾注了感情，所以我們會將它們放入像時間膠囊一樣的盒子裡保管。

同樣的，在長期的工作中也會出現一些重要且不能隨意丟棄的文件。也許是剛投入職場完成的第一份精彩策畫，也許是完成一次重要的專案後總結的寶貴經驗……除了這些日常文件以外，也會有一些非常重要且需要長期保存的文件。當處理這些文件的時候，我們可以將其整理好統一放入盒子中。但需要記住的是，紙箱上一定要貼上詳細的備忘錄，寫上文件的關鍵字或是時間。如此一來，我們不必打開箱子查看，就能一眼看出箱內存放的是哪一類文件。

當你決定要好好整理這些需要長期保存的文件時，你需要注

我們所說的清理文件，並不意味著把所有不會再使用的文件都丟棄。對於那些傾注心血和感情的文件，我們可以做上醒目的記號，把它們留在「記憶盒子」裡。

關鍵時刻找不出需要的文件

需要長期保存的文件另外存放

用紙箱保存

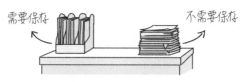

需要保存 　　　　　　不需要保存

1. 先確定是否真的需要保存。

NO1	～～××～
項目	
入庫時間	

2. 設定好保存期限。

NO1	～～××～
項目	
入庫時間	
保存時間	
負責人	

3. 註明保存的物品和保存理由。

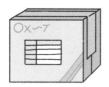

4. 貼在紙箱朝外的側面。

意以下幾點：

1. 先確定是否真的需要保存

首先，也是最重要的一點就是，我們必須先確定這份文件是否真的值得保存。整理文件並不是一件簡單的事，尤其是對於那些習慣堆積文件、不善於捨棄和清理的人來說，取與捨之間的界定並不清晰。所以，在整理文件時，一定要反覆審視、篩選，最

一定要記得把貼著備忘錄的那一面朝向自己目光所能及的方位，這樣尋找文件時，便能對盒子裡面的資訊一目了然了。

後留下那些真正需要保存的。

2. 設定好保存期限

並不是所有留存的文件都要永久保存，所以設定好保存期限能為你後續的整理省去不少重複的工作。正如前文介紹的貼紅標籤的方法，我們也需要為保存的文件設置好期限。

3. 註明保存的物品和保存理由

在備忘錄上註明保存文件的關鍵字，可以寫上裡面保存的物品、保存的理由、保存的期限等，一切讓你一目了然的資訊，都可以寫在備忘錄上。

4. 貼在紙箱朝外的側面

將備忘錄貼在紙箱或紙盒朝外的側面或上方。理想的狀態是，我們不用挪動紙箱或紙盒，就可以一眼看到備忘錄，避免了反覆移動的麻煩，使收納更為便捷。

Theme 6　雲端硬碟的 管理妙用

在如今這個電子設備多元化的時代，如果只局限在自己的電腦裡進行文件的操作與保存，未免顯得不夠靈活。

只在辦公室的電腦裡進行文件修改，往往會因為頻繁的修改覆蓋而造成工作混亂。而且一旦工作內容變多，就越容易讓你產生混亂。比如有些文件需要反覆確認修改的，就很容易出現修改後忘記覆蓋保存的問題；或者有時候某些合約經過反覆交涉後，在價格上進行了調整，卻因為忘記覆蓋保存導致了還是原來的交易條件。

因為類似於上文中描述的種種原因，讓我們電腦中存在著越來越多的文件，文件過於繁多的時候，就會對我們的工作造成困擾。而當這些文件是想移除但是又不能刪除的檔案時，我們就會想到文件轉移。但當進行轉移的時候，若僅僅依靠隨身碟等行動儲存設備，也容易會有丟失文件的可能。

這時，不如學會利用「雲端」去保存文件，實現最強的文件櫃作用。

在電子產品和網路技術十分發達的今天，只要接上網路便能

我們平時習慣用的隨身碟其實是很容易讓文件丟失的，而用雲端硬碟儲存文件，既安全又方便，修改和覆蓋資料也變得輕而易舉。

無法在客戶需要時提供最新報價

用雲端硬碟為客戶同步最新報價

用雲端硬碟儲存

❗ 在雲端硬碟存儲文件能夠真正實現電腦、手機、行動網路存儲設備共用的功能。

隨時同步、下載的巨大伺服器支援的雲端硬碟，可以說是最便利的文件管理庫。

使用雲端保存文件有很多的好處：

首先，將經常使用的文件保存在雲端硬碟裡，可以方便我們

需要提醒各位的是，雲端硬碟裡的文字資料、照片、超連結……也要按不同的資料夾分門別類地儲存哦！

隨時隨地查看和修改。其次，雲端硬碟的空間容量通常十分大，不受限於電腦硬碟的空間限制，可以存儲更多的文件。最後，雲端硬碟的存儲形式也與在電腦端存儲的形式無太大的區別，可以建立資料夾進行文件的分類，還可以存儲各種形式的文件。

　　雲端硬碟還有一個十分方便的功能，就是在連網的情況下，能夠進行同步，實現文件在不同的電腦隨時進行修改和更新的功能。也就是說，只要你有一個雲端硬碟的帳號，你就可以在任何時候於連網的情況下，在手機、電腦或者平板電腦上隨意進行下載、修改和上傳。

　　除了同步功能以外，雲端硬碟還兼有分享、加密的優點，可以將你的文件透過不同的電腦生成連結分享給你想分享的人，而他們就可以自行下載，免去了傳送文件的工作。與此同時，不想公開的文件還可以進行加密，以確保私密性。

CLEAR ARR-ANGEMENT

公事包如何
精準整理？

　　透過本章前六節內容的學習，各位都會發現「整理」在工作中的重要性。而其實在我們的日常工作和生活中，有一個急需整理的「移動式辦公桌」，大家每天都需要帶著它上班、下班，有時候甚至還會帶回家繼續工作，這個「移動式辦公桌」就是我們隨身攜帶的公事包。

　　經常帶著公事包上下班的人肯定有這樣的感受，大家會習慣將工作中比較重要的物品隨身攜帶，所以公事包中就會出現各式各樣的物品，比如合約草稿、預算表、客戶名冊、筆記本等與當時工作相關的各種物品。在日積月累之後，雖然先前的工作已經完成，但是很多物品依然放在公事包裡，不知不覺造成了無關物品的大量積壓。所以當我們有意識地在進行辦公室文件清理工作時，不要忘記，對公事包中殘留資訊的整理也是其中一部分。

　　當你把辦公桌整理得乾乾淨淨的時候，卻怎麼都找不到前一晚放在包裡的小紙條，而也許這張紙條上面記著你昨晚加班辛辛苦苦記錄下來的資料呢！所以除了辦公區域整潔的同時還需要注意平時經常使用的公事包的整潔[註5]。

拿出你的筆，一起動動手，動動腦。

1 圖解製作運用 ・ 2 整理公事包 ・ 3 電腦檔命名 ・ 4 整理類型小測試 ・ 5 製作家用計畫表 ・ 6 理順工作流程 ・ 7 時間統籌安排

　　那麼如何進行一次完美的公事包整理之旅呢？

　　第一，先將平時常用的公事包內所有的東西都拿出來，把公事包完全清空，確保自己能夠一眼觀察到整個公事包的構造和空間劃分。

　　第二，找到一張紙，畫出自己平常所用的包的大致結構，是書包、方形公事包還是不規則包等等，先試著勾勒出它的形狀和內部結構。

　　第三，可以開始嘗試著把每個區域都在圖上標註一下，並且標記容量。再根據不同區域的不同大小和位置來決定放入其中的物品。

　　第四，我們可以把包包內的東西進行分類。比如貴重物品放一區，文件放一區，還有一些例如簽字筆和筆記本之類的分為一類，不再需要或者不再使用的東西就可以不用再放入包內了。

　　當公事包和包內物品都進行了分類後，就可以按照上面標記的區域進行安排了，例如，我們可以用包的夾層裝貴重的物品；用容量最大的部分裝 A4 大小的檔；用豎長的側袋裝幾支簽字

CLEAR ARR-
ANGEMENT

趕緊打開你的公事包，讓它來一次不一樣的
大變身吧！

筆；用最外層的袋子裝隨身記錄的小本子等。

　　試著按照這樣的規畫整理好公事包裡面的物品：將包裡原有
的物品全部拿出後，按照前一步的規畫將它們分類放好，並做好
捨棄。不僅整理了公事包，也能夠用極簡的物品狀態喚醒豐富活
躍的工作思維，所以建議各位每隔一段時間就進行一次公事包的
整理。

一定要按照上面的方法放置物品嗎？

不一定，可以根據自己公事包的規格、大小等，
進行精準規畫。

簡 單 實 踐 法

公事包的整理

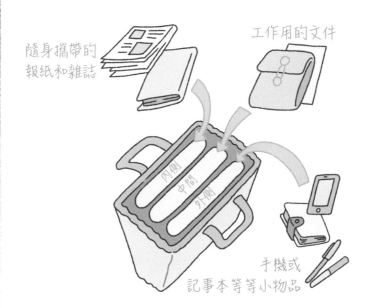

隨身攜帶的
報紙和雜誌

工作用的文件

內側
中間
外側

手機或
記事本等等小物品

ACTIVE
TALKING

總 結 篇

Theme 1
一份一目了然的索引,每天至少能幫你節省三十分鐘的時間。

Theme 2
依據每份文件的生命週期存放、處理它們。

Theme 3
想要減少紙本檔案,就把檔案電子化吧!

Theme 4
根據使用頻率,用醒目的紅標籤標示出需要處理的文件。

Theme 5
把需要長期保存的文件放入紙箱,並貼上詳細的管理表單吧!

Theme 6
雲端硬碟是最便利的文件管理庫。

Chapter 3

電腦檔案的神奇整理術

整理好紙本文件後，便可以將目光轉向我們工作中經常使用的電腦了。進入現代化生活後，現在大部分的工作都是需要利用電腦完成的。比起繁多的紙本文件，電腦中的檔案資料與我們的日常工作關係更為緊密，也更為重要。那麼，如何整理電腦的空間，讓科技真正為我們所用就是本章談論的重點。

Theme
1

簡化電腦桌面三大原則

　　在辦公室自動化的今天，電腦中的檔案才是我們平時接觸得最多也最重要的文件。如果這些檔案十分混亂的話，工作起來也會非常吃力。

　　整理電腦檔案，建議先從電腦桌面開始。我們常常會看到有些人的電腦桌面堆積了滿滿的檔案、資料夾和許多捷徑圖示，在這樣的情況下，當需要新增加圖示或者檔案的時候就沒足夠空間了，而且每天一開機看到這樣混亂的桌面，也會覺得心煩氣躁吧。

　　其實，電腦的檢索、連結速度非常快，沒有必要將所有的東西都堆在眼前，透過精準的收納歸整，就可以創造出一個極簡的電腦工作環境。日常工作中，檔案的傳送、版本的更新、新資料夾的建立，都是增加電腦桌面混亂的因素，適時地整理電腦桌面能讓我們更有效率地工作。我們也需要透過這樣的一次整理，養成有條理的工作習慣。這裡所宣導的精準整理，並不是一時半會兒的整理，而是透過養成整理的習慣，讓日後的生活和工作都保持在整潔的環境中進行。

把要用的檔案全部放在電腦桌面，非但不能讓你的工作更加便捷，反而會讓你在搜尋檔案上消耗大量的時間，同時還影響了工作心情。

桌面上一堆不知道什麼時候新建的資料夾

整理乾淨之後尋找資料更加方便

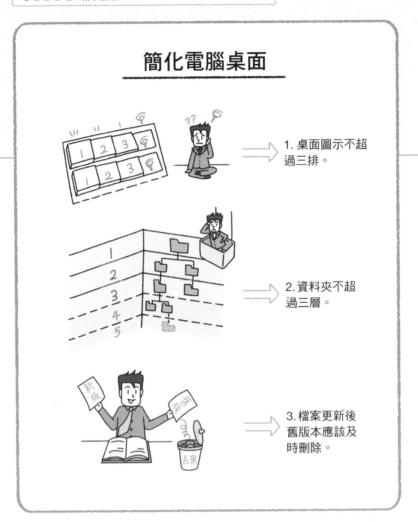

簡化電腦桌面

1. 桌面圖示不超過三排。

2. 資料夾不超過三層。

3. 檔案更新後舊版本應該及時刪除。

電腦桌面的整頓有三個比較重要的習慣。

1. 桌面圖示不超過三排

我們喜歡直接從桌面找檔案，那麼可以將桌面上的檔案進行

電腦是我們工作的一大幫手，整理好電腦桌面，才能更大程度地發揮作用，把無用的、不常用的軟體和圖表統統從桌面移除，讓視野開闊，工作會變得有效率很多。

分類，並且歸類到某個專門存放該類檔案的資料夾中。再透過建立資料夾捷徑的形式，快速找到檔案。其次，將不常使用的軟體的捷徑刪除，只保留常用的軟體圖示，方便在需要的時候快速找到它們。在經過這樣的整理後，確保電腦桌面的圖示不超過三排，就能保持電腦桌面的整潔，工作起來也更加方便。

2.資料夾不超過三層

雖然資料夾下可以一直新建子資料夾，但不斷點開層層的資料夾去尋找檔案，也是一件十分耗時的事情。一不小心，你的重要檔案就會淹沒在一層又一層的資料夾中。從現在開始養成資料夾最多不超過三層的習慣吧，在目光所及的範圍內橫向平鋪，讓你對自己的工作一目了然。

3.檔案更新後舊版本應該及時刪除

軟體的汰舊換新常常發生，檔案也會不斷地進行修改，當我們更新了新版本軟體，確定了最終的檔案後，就可以及時地把舊版本軟體安裝包和舊的檔案刪除，讓電腦有足夠的空間去運行。

Theme 2 文字如何整理？ 一張 A4 就足夠

Word 文件是我們平時接觸最多的電腦軟體，毫無疑問，我們現在大部分的文字類工作都需要使用到這個軟體。相對於其他文字類的辦公軟體來說，Word 文件操作簡單、相容性強、功能多，但是在使用過程中，相信各位都有過這樣的經歷——明明能用一個頁面說完的內容，經常需要不斷地滑動滑鼠滾輪往下翻頁，才能看完其實原本並不是特別多的文字。然而過長的文件內容，往往會使得閱讀該文件的人產生疲勞感和乏味感[註6]。

比如在準備開會資料的時候，我們通常會事無巨細地寫入文件中，文字分散到好幾頁裡，開會時會翻來翻去，不僅麻煩，甚至有可能在過程中看漏重要的地方。

與此同時，文件過長也不利於辦公用品的節省。而如果將內容集中在一頁紙中，可以從各方面節省我們的辦公成本。列印時，不必再為那多出的一兩行字而浪費一張 A4 紙，節省了油墨和電力；複印時，可以節省紙張、電力及勞力；而在整理時，也節省了資料夾的空間。最重要的是，在使用這份文件時，可以讓我們把全部的精力都集中在這一頁紙上。

把文字分散在多個頁面裡，增加了辦公成本的同時，又給自己製造了閱讀上的麻煩，從而影響了工作進度。

過長的文件會讓人看得特別費力

簡潔且有條理的文件能讓人輕鬆閱讀

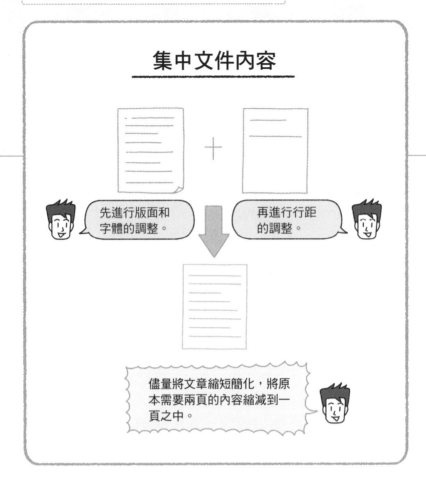

當然，我們在這裡並不是要求所有的文件內容都要集中在一個頁面中，各位可以根據自己的工作需要參考本文的內容。那麼如何將文字集中在一頁裡面呢？方法有很多種：

1. 版面調整

透過調整文件的版面邊界，縮短左右邊界和上下邊界，讓文

利用多種集中文件的方法，盡可能地讓文件短小精悍。

件中的空白部分儘量被文字覆蓋。

2.字體調整

一般來說，新細明體的10.5pt字是符合閱讀習慣的。如果對文件頁面要求不是很高，也可以將字體再調小一些，能看清楚字即可。

3.間距行距調節

文字間的行距也會占據版面空間，可以將文字的段落行距調整為「單行間距」，儘量縮小文字間的距離。

4.文章縮短簡化

如果只是資料性質的文件，長篇大論、沒有重點會讓人看得厭煩。這時可以將文章盡可能地縮短簡化，只留下最精華的重要部分。

5.列印後也可以剪下來粘貼

如果文件只有一小部分是可以留下來以後參考的，可以把有用的部分剪下，粘貼在固定的地方，便於查看。注意，當這樣的文件過了期限後，也要及時扔掉。

Theme

3

檔案分層
保存四步驟

　　我們日常的工作內容，不可能是單一的，手上總會有不同的
工作項目同時進行著。比如一個業績優秀的銷售人員可能同時要
接觸多家客戶，而每家客戶都有不同的訂貨種類和數量，稍有不
注意，就容易造成混亂。為了防止這種情況發生，我們建議對檔
案嚴格分層管理。

　　請仔細地檢查自己電腦中經常保存檔案的位置，說不定就有
應該分層保管的對象。比如剛剛做好的 A 公司甲商品和 E 公司丙
商品的電子合約，你卻將它們混亂地放在同一個資料夾裡，當需
要用其中某個文件的時候，卻不知道放在哪個資料夾中了。所以
我們在這裡建議，對於經常合作的公司，可以按照公司名稱分別
建立不同的資料夾，將所有該公司的產品合約、相關資料等都存
放在一起，以防疏漏。也可以用此標準進行資料夾的分類，總
之，找到最為恰當的分類方式，讓檔案都有自己的歸屬。

　　分層級的保存方法，不僅讓我們在頭腦中對自己的工作有了
大致的把握，也在電腦中構建了工作的框架，需要查看的時候也
就一目了然了。

檔案數量較多時，容易造成混亂，建議將
檔案分門別類地整理，以防疏漏。

項目多的時候就要避免弄混的情況出現

進行資料分類保存後，就不會出現混亂的情況了

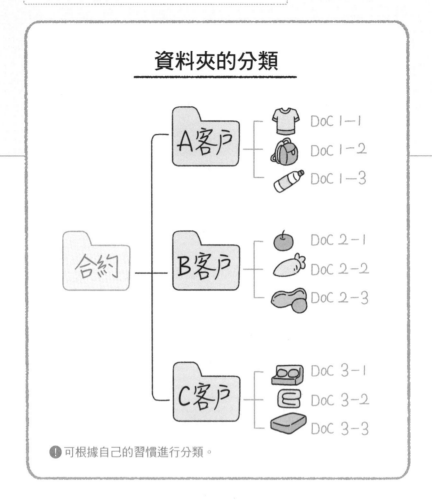

不同工作性質有著不同的分類方式，但萬變不離其宗的是最簡便、最能為我們所用的方式才是最好的。具體做法如下：

1.建立一個包含所有資料（表單）的資料夾

用上文中提到的案例來說明，先在電腦的硬碟中建立一個名

最能為自己所用的方式才是最好的方式，不用死板地套用別人整理檔案的做法，根據自己的工作性質為檔案進行分類即可。

為「客戶資料」的資料夾，將工作中所有有關客戶的檔案、表格、圖片資料全部都放入該資料夾中，進行歸類。

2. 再在裡面建立不同客戶的資料夾

根據不同的客戶建立相應的子資料夾，務必包含到所有的客戶，互相不重疊。比如可以按照公司進行分類、按照客戶姓名分類或按照業務分類，甚至還可以按照時間順序進行分類。

3. 在下面建立具體資料的 Excel 試算表

進行好第二步之後，就可以按照客戶的需求在客戶資料夾中建立不同具體資料的表格，比如甲類商品的數量是多少、運輸方式是什麼、收貨位址分別是哪裡……這些都可以標註在 Excel 檔中，一目了然。

4. 再在 Excel 試算表裡註明各項合約

如果不想在再次檢查 Excel 試算表時反覆查看合約的話，可以在 Excel 檔中，註明各項合約，即時進行資料更新。同時還可以建立超連結，在 Excel 檔中實現快速查看。

善用時間軸建檔，捨棄更新最快速

　　你會定期處理舊衣服嗎？幾乎每個女人都會覺得自己永遠「沒有衣服穿」，所以不斷買進新衣物。衣櫃裡的衣服逐年增加，而那些因為過時、不合適、不喜歡等等原因不穿的衣服，依舊堆在衣櫃中。久而久之，衣櫃空間越來越小，這樣一來，再大的櫃子也會放不下。電腦中的檔案也是，再大的硬碟，如果不清理，也會有不夠用的一天。

　　每週、每季、每年都會有新的檔案進來，也會有舊的檔案走過。我們引入一種用月份來建立文件檔名的方式，並隨著月份的推移來新建資料夾。用這種時間軸的方式來整理檔案，是一種比較常用的做法。用「一月」、「二月」這樣的名稱來命名檔案，更加直觀且不易遺漏。

　　按時間軸整理檔案的方法對實際工作有很大的幫助，各位可以根據自己的工作需要參考以下方法。不用絞盡腦汁地想一些複雜的方法，選擇最能為自己的工作所用即可。我們舉例來說明：

1.建立一個2015年的合約文件檔。

　　在電腦的磁碟中建立一個以「2015年」為名的合約文件

及時處理掉過期的檔案，為硬碟騰出足夠的空間。紙本文件也是如此，定時清理，適當捨棄。

硬碟再大不清理也有裝不下的一天

經常進行整理才能保證有足夠的空間

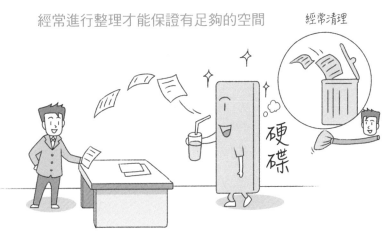

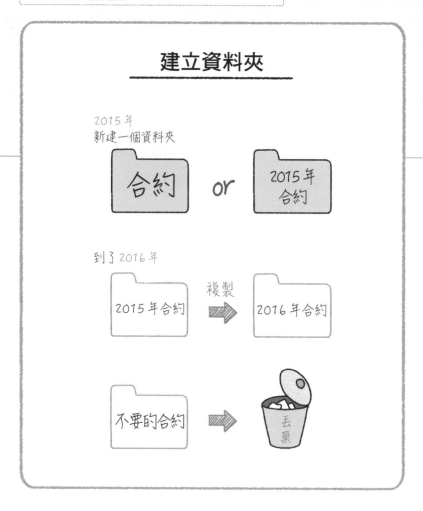

建立資料夾

2015年
新建一個資料夾

合約　or　2015年
　　　　合約

到了2016年

2015年合約　複製→　2016年合約

不要的合約　→　丟棄

檔，2015年的所有合約都以此為範本新建。

　2.為了往後便於識別新資料夾，命名為「2015年合約」。

　把所有2015年的合約檔歸到「2015年合約」這個資料夾裡，再把「2015年合約」歸到「2015年」的資料夾中。

用年份和月份來命名檔案，更加直觀且不易遺漏。過期的檔案，也要記得及時整理和丟棄。

3.到2016年再複製2015年的資料夾，作為範本。

到了2016年，再複製前一年的檔案作為範本。

4.在命名上注意區分，用年份作為標註。

如果之前的檔案叫「合約」，則應改之，重命名為「2016年合約」。

5.年度變更時重複步驟1至4的操作。

隨著年份的推移，重複步驟1至4的操作。

6.刪除舊檔案。

根據公司檔案管理規章，將一些早已過了有效期限的文件檔，進行刪除處理。

Theme 5　每封郵件只說一件事，事項不混淆

很多人覺得發送郵件是一件很平常的事，對郵件的內容往往並不會去推敲斟酌。當用郵件展開工作的時候，大部分人只將其當作普通的交流工具，將想說的各種事項都夾雜著說，這樣會發生很多疏漏，也顯得很不專業。所以，我們建議一封郵件只說一件事[註8]。

舉個很簡單的例子，如果會議日程與到貨確認兩個事項放在同一封郵件裡說，就有可能產生以下的問題：

1.跟進過程中，混淆已解決的事項和未解決的事項。

2.對方可能在所有事情都可以給出答覆之前不會聯繫。

3.郵件的一部分內容被忽略。

因此，一封郵件只說一件事是最為有效的工作溝通方式，可以讓對方集中精力處理當前郵件中所說的事。當有多項工作要安排時，分別發郵件加以說明，這樣，對方可以透過郵件的「已讀」和「未讀」狀態，及時發現不同專案的進展情況，不會造成疏漏。

養成一封郵件只說一件事的習慣，會使我們的工作會變得更

有人認為在郵件裡一次性說明多種事項很方便，其實不然，這種方法很可能讓收件人處於混亂狀態，忽略郵件的要點，使你的工作進展緩慢。

一封郵件說幾件事容易讓接收者產生混淆

一封郵件只說一件事是最有效的溝通方式

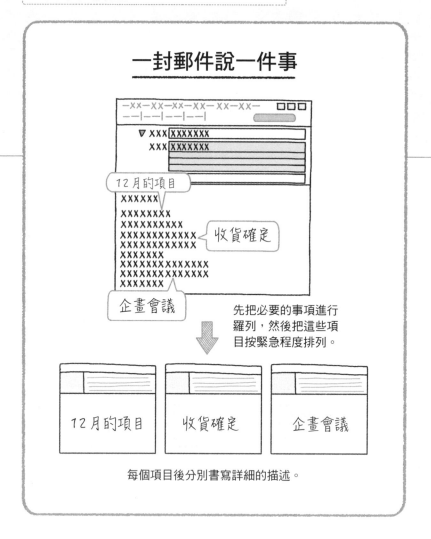

有條理。收件者會在第一時間明白當務之急是什麼，寄件者也會因此及時得到收件者的回覆。工作中的影響是互相的，寄件者是專業和嚴謹的，那麼對方也會回以相應的工作方式和工作態度。

按羅列的條目分別給收件者發郵件，每封郵件只說一件事，收件者閱讀時思維清晰，完成起來也會非常順利。

1.必要事項逐條羅列

在手頭工作任務比較多的情況下，將必要的事項按條目羅列下來，一目了然，頭腦也會隨之變得清晰，防止自己因為忙碌而遺忘某件事。

2.把第一步中羅列的項目按緊急程度排列

將第一步羅列出來的事項，按照輕重緩急的程度排列，標好先後順序。收件者在看到郵件後，能迅速分清楚事項的主次，及時處理當下該完成的任務。

3.每個項目後分別書寫詳細的描述

在每個項目所屬的郵件內，詳細描述項目的進展情況、需要對方合作與回覆的地方等重要資訊，添加相關附件內容，每一封郵件只說一件事。將這些郵件按順序發給對方，等待回覆後一一處理。

Theme
6

害怕郵件被忽略？
主旨標記很重要

每一天的工作，都是不斷進行資訊交換的過程。有時候一打開信箱就會出現很多未讀郵件。人的精力有限，不可能每一封都立即打開去查看處理，而你的郵件就有可能淹沒在其中，不被重視，也許有些重要的工作就這樣被耽擱了。所以，我們應該在郵件主旨上做一些標記，讓收件者一眼看到便可以快速地辨別出郵件的緊急程度。

在郵件主旨上寫清楚重要資訊，讓對方能在不打開郵件的情況下就能對你有個大致的瞭解。試想一下，一份寫著「姓名＋【應徵○○職位】」的郵件主旨，與一份僅僅寫著「簡歷」或「○○○的簡歷」這樣的郵件主旨，哪一種更能吸引人呢？工作中也是一樣的道理，一封名為「【重要】○○○專案第一階段情況彙報」的郵件，是不是比名為「○○○的工作彙報」顯得更加專業和重要呢？

郵件往來不像打電話或面對面交談那樣，可以從對方表情或者語氣中感覺到輕重緩急。所以，在郵件主旨上加一些小標記，能增加傳達效率，達到你想要的效果。

普通的郵件主旨是很容易被忽視的，收件者無法從郵件主旨中接收到輕重緩急的資訊，自然會因忙於手頭的事情而忘掉郵件裡交代的事情。

沒有進行標記的郵件容易讓人忽略

標記的郵件容易讓人一眼就看到

標記郵件主旨

❗ 怕自己的郵件被忽略，可以在郵件主旨上下一些小工夫。

　　發送工作郵件時，如果事情比較緊急，我們可以在郵件主旨的前面或末尾加上【急】、【緊急】、【重要】等標記，吸引收件人的注意。

　　如果郵件主旨較短，也可以寫上「請儘快回信」、「請務必閱讀」這樣的提示詞，進一步提醒收件人。

　　在給小組成員發送彙報的 PPT 初稿時，可以在郵件主旨上這

給檔案名加上【急】、【緊急】、【重要】
等標示後,收件人能在第一時間明白事情
的緊急程度,及時完成郵件裡的任務。

樣寫道:「【緊急】第一季度客戶回訪彙報的PPT初稿,請大家儘
快查看補充!」在需要得到上司的批覆時,可以在郵件主旨上這
樣寫道:「【重要】第三季度財務報表,希望儘快得到您的批
覆!」這樣一來,接收到郵件的人就能立刻明白事情的緊急程
度,也會明白自己接下來應該做什麼,就能很快地投入到這份郵
件的內容中。

　　如果時間緊急的話,可以在發送郵件後撥一通電話向收件者
確認。倘若不方便致電,則可選擇「需要回執」、「請嚴格按要求
執行」等郵件選項。這樣,當對方打開郵件時,系統便會立刻讓
寄件者得到通知,方便寄件者掌握工作的進展情況。

　　以上給郵件主旨做標記的方法,各位可以立刻運用到實際的
工作中去,你會發現,這樣一個簡單的方法,會讓你的工作收到
不錯的成效。

CLEAR ARR-ANGEMENT

電腦檔案的命名訣竅

在每天的工作中，我們和電腦相處的時間也許是最多的。將電腦當作自己的部下，好好管理各類資料夾，並用自己的規則給資料夾命名，不僅能使自己在熟悉的環境中高效率地工作，也能使頭腦變得清晰、對工作的掌控更加有信心。

我們在命名資料夾時，很容易用檔案內容來命名。在初期，這可能是一種直觀的方式，可當相關檔案一多，搜尋的時候可能會出現很多同名檔案，只能一個個打開確認內容，費時費力還容易出錯。例如，一個雜誌編輯在做選題策畫時，如果僅僅根據內容來命名資料夾，那麼不出半年，他的電腦裡就會出現很多個名為「選題策畫」或「選題策畫‧新」之類的資料夾，光看名字還真的想不起來裡面放了哪些內容呢！

所以大家會發現，一個個不起眼的檔案名稱，實際上對工作的影響是極大的[註9]。在這裡，我們介紹資料夾的幾種命名規則，各位可以根據自己的實際情況進行參考。

例如，對從事編輯工作的人員來說，可以將電腦裡的檔案命名為「書名-大綱-20150106」、「書名-選題-20160503」等形

式。編輯是一項需要不斷修改的工作，如果檔案名稱過於簡單，那麼就很可能需要一個一個地點開檔案查看，增加了許多不必要的查找工作。

　　對於從事企劃開發職位的工作人員來說，平時的工作多與產品接觸，那麼就可以將資料夾以「產品名-資料名-建立日」這樣的形式進行命名，如「多功能取物夾-參考資料-0313」、「家用拖地機器人-款式一覽-20141210」等等。

　　而從事業務職位的工作人員，基本上是需要和客戶打交道，那麼將資料夾以「客戶-產品名-資料名-建立日」這樣的方式命名則更為方便，例如「華東地區-香水套裝-20160411」或「A公司-進口面料-1001」等等。

　　若是公司的文職人員，更需要用精確的檔案命名方式來幫助自己處理繁多的會議紀錄。使用「開會日-會議名-議事錄-建立日」這樣的方式，可以將重要資訊整理出來。例如「20160915-秋冬產品發佈會-會議記錄-0920」，這樣把會議的名稱、時間明顯地標示出來，需要使用時就能一下子鎖定到準確的資料夾。

CLEAR ARR-ANGEMENT

各位可以根據自己的職業性質建立一個適合自己的命名方式。

　　各位可以參照以上方法，根據自己的工作性質，精準地運用關鍵字給檔案命名，只需要動動手指頭，你的電腦就能呈現出一副全新的面貌！

原來不同職業都有自己命名資料夾的方式！

每個人的工作性質不一樣，要根據自己的工作性質選擇不同的命名方法哦！

簡 單 實 踐 法

文件名稱精準命名

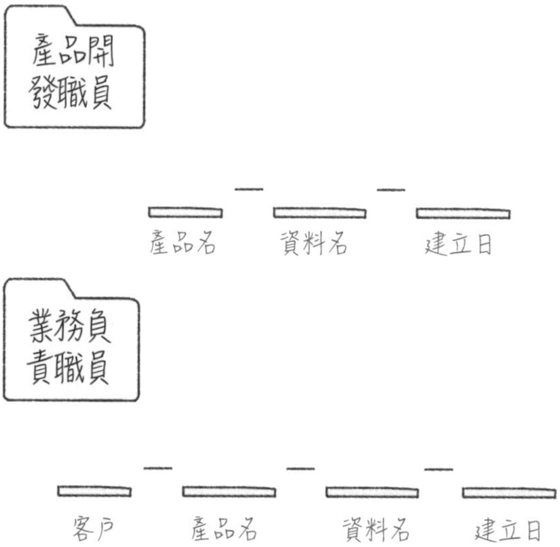

產品開
發職員

産品名 ── 資料名 ── 建立日

業務負
責職員

客戶 ── 產品名 ── 資料名 ── 建立日

ACTIVE
TALKING

總 結 篇

Theme
1　經常整理電腦桌面,能讓我們工作更有效率。

Theme
2　把 Word 文件集中在一個頁面,既能節省資源,又能減少繁複感。

Theme
3　對檔案嚴格進行分類保存,防止出現混亂。

Theme
4　按時間軸整理檔案是一種簡單實用的方法。

Theme
5　一封郵件只說一件事,能極大地避免收件者出現疏漏。

Theme
6　在郵件主旨上做一些標記能增加傳達效率。

Chapter 4

辦公環境懂整理，工作順心又順手

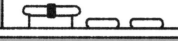

CLEAR ARRANGEMENT

　　長期在一個工作環境中工作，會逐漸將一個人同化。如果長期在一個髒、亂、差的辦公環境中工作，人也會逐漸產生惰性，漸漸失去工作的積極性；相反地，在一個環境良好的辦公環境中工作，心情會愉快許多。所以，本章就來告訴各位如何為自己整理出一個良好的工作環境。

Theme 1　雜亂辦公桌，思考停滯效率差

　　某著名學院經過多年的研究，發現一個有趣的現象：幸福感強的成功人士，往往居家環境十分乾淨整潔；而不幸的人們，大部分通常生活在凌亂骯髒中。此語一出，輿論譁然，但是仔細一想似乎說得又有些道理。有句古語說得好：「一屋不掃何以掃天下？」連一間房子都整理不好，怎麼能夠治理天下？打掃房間的過程，就是處理、選擇、拋棄的過程，是你與環境的互動過程，整潔的環境能夠顯示出一個人的邏輯性和條理性。所以說，房間能夠反映出一個人的生命狀態。

　　辦公環境也是如此，人的心理狀態會透過辦公桌及周圍環境表現出來。桌面整潔的人，工作起來肯定也是乾淨俐落，整潔有序的辦公桌，會讓他思維更有條理。辦公桌雜亂無章或是有太多與工作無關的物品，則會分散注意力，長此以往將養成不嚴謹的工作態度。一個人如果長期在一個亂糟糟的辦公環境中辦公，久而久之，就會被辦公桌圍繞的工作環境同化，思維也容易變得雜亂無章。何況，看到亂糟糟的辦公環境，工作心情想必也不會太好吧。

在沒有條理的辦公環境中待久了，會慢慢習慣這樣的環境，人的思維也會受其影響，工作態度越來越不嚴謹。

糟糕的辦公桌會讓人產生思維滯後的情況

簡潔乾淨的辦公桌才能給人良好的工作心情

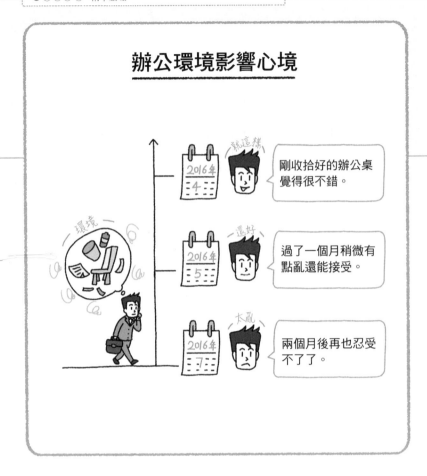

辦公環境影響心境

不管是好環境還是壞環境，身處其中都會漸漸適應。所以，我們應該為自己創造好的辦公環境，促使自己高效工作。一旦你適應了壞環境，一段時間後就再也無法分辨出現在的環境是好還是壞了[註11]。

所以，為了不讓自己陷入這種惡性循環中，學會定期整理自

同樣，我們的工作態度也會受好的辦公環境的影響，整潔有條理的辦公環境會讓我們思維嚴謹，工作效率提高。

己的辦公桌也是一項職業技能。

首先，將辦公文件都有序地歸檔整理。我們先要將原本隨意堆砌在辦公桌上的文件進行分類整理，比如哪些資料是已經過期的，可以丟棄；哪些資料是現在不需要但是日後還需要的，就單獨整理出來；哪些資料是正在使用的，可以放在離辦公區域稍微近一點的地方，也單獨整理好。

為了更有效地完成工作，辦公桌上只擺放正在進行的工作文件；在短暫的休息時間做好下一項工作的準備；下班後將桌面上的文件資料收好放入文件櫃中。

其次，除了辦公資料和辦公用品，辦公桌上不要放太多與工作無關的東西，並將電腦角度調整到合適的位置。另外，再放一杯水，也可以放一點綠色植物……更可以根據自己的工作性質，準備一些工作需要的小工具。

在整理辦公桌的時候，可以使用一些整理的小工具，比如資料夾、工具盒、筆筒等。在整理過後的辦公桌前工作，必然充滿幹勁。

Theme
2
桌面抽屜放什麼？
區域劃分有玄機

　　工作中我們最常使用的就是自己的辦公桌了，辦公桌可以按區域來分割用途，整理辦公桌之前可以先劃分好使用區域。在上一節中我們有提到整理辦公環境的具體方法，那麼在這一節裡面，我們就來具體探討一下辦公桌的整理劃分該如何做。

　　我們常在電影裡看到，如果想表現出主人公很忙碌在工作的樣子，畫面總是辦公桌前堆滿文件、貼滿便利貼……實際上，這樣的狀態更容易讓人忙中出錯。很多時候，辦公桌的雜亂是由無秩序造成的，而無秩序的狀態並不能為我們的工作提供良好的心理暗示。

　　那麼現在請你審視一下你的辦公桌，電腦旁邊是不是放滿了不知用途的文件？右側最下面的抽屜前是不是經常放著紙袋？桌子右側外邊是不是堆著紙盒或者文件堆？電腦主機殼上是不是還纏繞著耳機線？一切給你帶來雜念感的小細節，都有可能毀掉你精心整理過的辦公環境。所以，將辦公桌按照不同的區域予以分割，為不同的區域賦予不同的用途，有利於我們有條理地整理辦公桌，塑造規律的辦公習慣。

在沒有條理的辦公環境中待久了，會慢慢習慣這樣的環境，人的思維也會受其影響，工作態度越來越不嚴謹。

再大的辦公桌也放不下過多的東西

乾淨整潔的辦公桌使用起來也方便

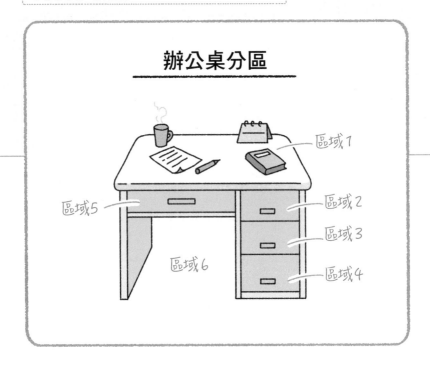

想要整理好我們的辦公桌，可以將其大致劃分成以下幾個區域，整理起來思維也會比較清晰。

區域1：桌面

這是我們最常用的部分，各種文件會放在桌面，做筆記也會用到桌面，所以儘量保持桌面的整潔，給它足夠的空間。

區域2：右側上面的抽屜

這裡是最順手的一個收納位置，我們可以將簽字筆、筆記本、硬碟、各類線材等等工作相關物品都放在這個抽屜裡，既保證桌面的乾淨，又能讓我們在需要的時候可以迅速地找到。

給辦公桌規畫好使用區域，嚴格按照規畫標準使用，時刻保持桌面的整潔和寬敞，記得下班前也一定要檢查哦！

區域3：右側中間的抽屜

這裡可以用來存放一些個人物品，例如化妝包、備用的藥品、女性衛生用品、營養保健品、茶包、小零食……。

區域4：右側下面的抽屜

右側的最下方通常使用頻率不會很高，我們可以放一條小毛毯，午休的時候可以使用，或者擺一雙輕便的平底鞋。

區域5：正下方抽屜

正下方的抽屜，我們用來存放一些重要的工作資料，例如，需要保密的文件、不方便被他人看到的工作紀錄等等。

區域6：桌底

桌底的區域，我們的建議是儘量不要用來收納。那些紙盒紙箱，只會越積越多，占據有限的辦公空間。如果桌底有垃圾桶的話，也建議每天清理一次，保證辦公區域空氣清新。

當然也不是所有的辦公桌都是這種結構，各位可以根據各自的需求和習慣來整理辦公桌，為自己創造一個良好的工作環境。

斷捨離三步驟，
桌面整理的祕密武器

　　人們常說「斷捨離」，明確地說明了捨棄是整理的前提。給生活、工作做減法，反而能讓自己充滿更多的能量。整理桌面也是一樣，當桌面上堆放的物品減少時，會發現自己的思維也漸漸打開了。

　　我們在上一節中提到了辦公桌的整理，而辦公桌的整理中，最重要的是桌面的整理。辦公桌面作為我們工作時經常使用的空間，如果雜亂無章會導致你的辦公習慣變壞、辦公效率降低、工作品質下降等不好的結果。所以，整理辦公桌面也是日常工作中的一項重要任務。

　　整理的前提就是捨棄，果斷扔掉那些非必需的、無用的東西，把有益於工作的留下。我們希望透過一次徹底的「斷捨離＋收納安排」，為辦公桌面找到最好的狀態。這個狀態一定要是最符合你工作習慣的，也是你用起來最順手的。為每一件物品找到它所屬的分類，為每一種分類找到固定的收納位置，用完後及時放回原位。整理的同時也要學會透過整理給自己好的心理暗示，並且將保持好的狀態作為工作的常態。

把所有的物品都收入囊中，並不能給你帶來更多的價值，反而適當的「斷捨離」才能讓你的桌面變得更加整潔。

桌面堆得滿滿的勢必會影響工作

精準整理能夠減少這種情況的出現

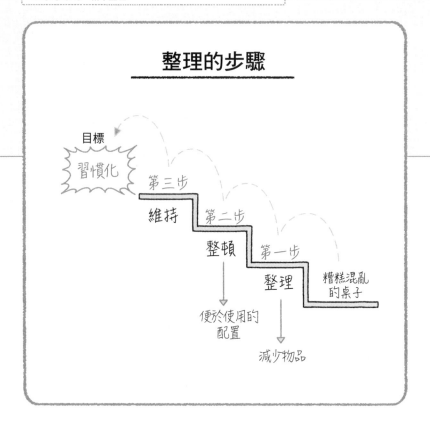

整理的步驟

目標
習慣化
第三步
維持　第二步
整頓　第一步
整理　糟糕混亂
的桌子

便於使用的
配置

減少物品

看到這裡，也許你已經躍躍欲試，想為自己的辦公桌進行一次大掃除了。

第一步：**整理**。很多人有個錯誤的觀念，認為整理就是收納，其實只留下必需的物品，過不持有的生活，才能順利通往心靈自由之路。因此，在整理桌面之前，我們必須好好審視所有的物品，問問自己的內心，是不是真的需要它——它對我的工作確實有用嗎？我最近使用或閱讀過它嗎？這個物品是必需品嗎？是

整理→整頓→維持，保持整潔的狀態，剛開始也許會有些不習慣，但只要下意識地給自己心理暗示，這種好習慣馬上就會融入你的生活，工作起來輕鬆暢快！

不是有其他物品可以代替？盡可能地只留下讓你「怦然心動」的必需品。

第二步：整頓。現在你的面前一定分為了兩個陣營，一邊是「留下」，一邊是「丟棄」。接著我們將留下的物品進行精準分類：資料類、文具類、雜物類，為它們找到屬於自己的位置。

第三步：維持。上面兩步驟完成之後，其實你的桌面已經煥然一新了，接下來就是維持了。開始的一兩天你也許會不習慣，但是堅持過後你會發現，及時將用完的東西放回原處，會給你的工作帶來極大的方便。不僅不會再因為到處亂放而丟失東西，也會讓自己帶著感激的心情使用這些物品——「感謝你們讓我更好地工作，辛苦了，現在請回原處休息吧」。

目標：習慣化。其實這樣整理的目的，就是將整理工作常態化、習慣化。將「大掃除」的工作分攤到平日，讓每一天都能享受到潔淨高效的辦公桌！

Theme 4　文具怎麼整理？使用習慣頻率是重點

　　日劇《請和這個沒用的我談戀愛》中，美知子在整理衣櫃時說：「掛在衣架上用於出門穿的衣服是一軍的話，疊放在櫃子中用於在家穿的就是二軍。」這是一種很常用的分類方法。衣櫃中的衣服，我們常常會分為日常穿著和特殊場合穿著，雖然也許沒有「一軍」和「二軍」的叫法，但無形中也是這樣操作的。

　　任何物品我們都可以用此法歸類，辦公桌面也不例外。如果桌上的東西很雜亂，可以想像自己是軍師，文具都是自己的士兵。經常活躍的士兵可以編制為一軍，而不怎麼活躍的士兵歸為二軍。這樣一來，「陣營」是不是十分清楚啦！

　　我們將文具分為一軍和二軍後，便可以根據自己使用它們的習慣和頻率，為它們找到合適的位置。由於一軍的使用頻率很高，所以要把它們放在最順手、最醒目的地方；而二軍由於都是不怎麼常用的文具，可以放在桌面離自己較遠的地方，也可以收納在抽屜中。這樣的分類法，可以避免桌面文具全堆在一起，要用的時候還要翻找半天的情況，清晰的分類也為我們創造了更為便利的辦公環境。

把文具依照使用習慣和頻率分類，就能避免它們全堆在一起，要用的時候不容易找到的情況。

精準整理能讓生活和工作更方便

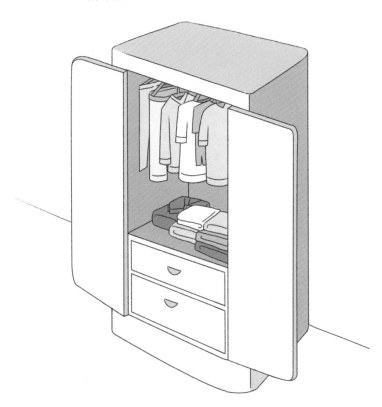

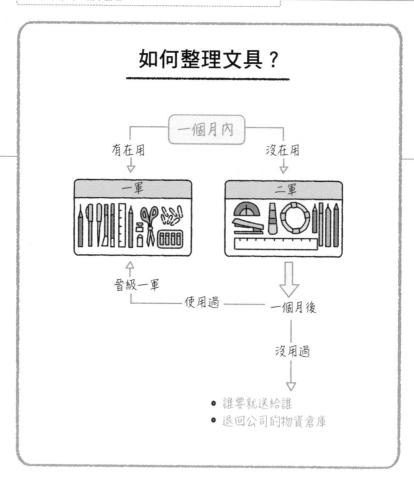

如何整理文具？

一個月內

有在用　　　　　　　　沒在用

一軍　　　　　　　　　二軍

晉級一軍

　　　　　使用過　　　　一個月後

沒用過

● 誰要就送給誰
● 退回公司的物資倉庫

　　一起來整頓我們的「文具軍隊」吧。文具是日常工作中經常會用到的工具，由於工作性質和工作內容的不同，每個人擁有文具的數量及種類也會不一樣。但是許多人應該總是會有想用的時候找不到，不需要用的時候散亂地擺放在桌面任何角落的情況。這樣不僅會造成資源浪費，也會浪費很多工作的時間。這時我們

持續持有一軍裡的文具，適度持有二軍裡的文具，處理掉半年內都沒有使用過的文具，為自己創造便利的工作環境。

可以試著把「文具軍團」進行編制。

　　試著將一個月內經常使用的文具歸納為一軍；一個月內不常使用的編制為二軍。比如，用來簽名的鋼筆、出水很流暢的簽字筆、一支HB鉛筆、一把小剪刀、一支用來標註重點的彩色馬克筆、一份便條紙……這些常用的文具都可以作為一軍的成員，放在桌面上一伸手就能拿到的地方。而那些超市買東西贈送的圓珠筆、出水生澀的簽字筆、使用太久而變短的小鉛筆、簽字筆替換筆芯等，都可以作為二軍。

　　一軍中使用起來感覺順手的文具，我們可以持續地購買使用。用熟悉的產品，既省去了與新產品磨合的時間，也會讓工作在小細節方面變得順暢。如果發現二軍裡出現經常使用的文具，那麼可以將它升為一軍。而二軍中那些半年都沒使用過的文具，在對它們說過「感謝你為我戰鬥過，謝謝你的辛苦」之後，就可以毫不猶豫地處理掉了。

Theme 5　物品豎直放，再多也一目了然

　　在一般人的觀念裡，收納就是層層疊疊的堆積。無論是衣物，還是文件，人們都習慣於上下疊放的收納方法。其實，讓物品都豎著，才是正確的收納整理之道。

　　舉一個很簡單的例子，大家疊衣服都喜歡由下至上地疊放，但是這樣不僅拿取不方便，拉開抽屜或者打開衣櫃，永遠就只能看到最上面的幾件，如果為了找衣服還要往下面不停地翻找，很容易就會把已經收納整理好的衣服弄亂。但如果將衣物都折疊成可以豎立的狀態，再將豎著的衣服放入抽屜中，這樣一拉開抽屜就能一眼看到所有的衣物了[註10]。

　　辦公桌的收納也可以用豎立的方法，豎立的狀態可以避免物品無限向上堆疊、不斷占用辦公桌的空間。堆在最底部的文件、書籍、文具等等，由於長時間被積壓，不容易被發現，也很難得到我們的「重用」，不僅造成浪費，也會不經意地為工作帶來麻煩。

　　當我們養成豎立收納的習慣時，會發現把文件文具都豎著放有五個好處：

把文件堆疊起來既容易造成資源浪費，也會在不經意間給工作造成麻煩。

層層疊放的衣物使得翻找不易

衣服豎著收納既方便拿取又方便找尋

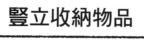

豎立收納物品

❗將文具和書本都豎著收納，方便取出也方便放回原處。將它們
豎立起來，需要查看的時候，一眼就能看到。

1. 節省空間

與平鋪相比，將物品豎立起來，大大利用了辦公桌向上的空
間，也為桌面留出更多空間，有助於日常工作的運行。

2. 便於取出也便於放回

豎立收納，方便我們取出想要的物品，也有利於我們放回。

養成豎立收納物品的好習慣，你會發現疏忽和失誤都少了很多。

小小的細節也會讓我們在工作中找到得心應手的舒適感。

3. 不用在堆積中找資料

豎立收納的最大好處是，避免了在堆積的文件堆裡找資料的窘境。比起翻找最底部的文件，從豎立的狀態下抽出文件，能使工作更有效率！

4. 讓物品整齊的狀態更持久

將物品都豎立起來的另一個好處是，可以讓物品的整齊狀態保持得更久。從向上堆疊的資料中找尋文件，必須小心翼翼才能勉強維持資料原有的整齊狀態，這樣拿取資料的方式費時又費力。而從豎立收納著的資料中尋找文件，可以有效避免這些問題。

5. 減少疏忽、失誤

讓辦公桌上的物品都「起立」，可以讓我們一眼就能看到自己擁有的所有物品，一切盡在掌握中，減少遺忘和疏忽。

Theme 6 抽屜內分區塊，順手取不用找

現在，我們擁有了整潔的桌面，但還有一些平常看不見的地方等待我們整理，例如辦公桌的抽屜。很多人認為整理就是將眼睛能夠看到的地方收拾乾淨，卻常常忽略了一些小細節，抽屜就是最好的例子。

經常會有這樣的人，做居家整理的時候，表面上看起來非常乾淨，但是一打開抽屜就會發現衣服全都雜亂無章地放置在裡面。換到工作環境中也一樣，有的人桌面非常整潔，但是一拉開抽屜卻十分雜亂：文具、隱形眼鏡、袖珍面紙、名片、零食……全都混雜在一起。在這裡我們需要說明的是，整理工作是一個有系統、全面性的工作，整理力也是對一個人全面的考量。一個熱愛並善於整理的人，生活中的各方面都應該是精心規畫收納過的，因為只有這樣，我們才能真正從整理這件事中獲得能量。

抽屜內的整理法則是分區整理，根據使用頻率和物品的體積，找到最適合它們的位置[註7]。如果有好幾個抽屜，我們就需要根據它們的位置去決定在裡面放置哪一類物品。在抽屜內，可以用一些紙盒隔出區域，分門別類地收納。

凌亂的抽屜也會在無形中影響我們的工作效率，它是整理工作中不可忽視的區域。

看不見的抽屜也是需要整理的重災區

抽屜分區整理能達到良好的整理效果

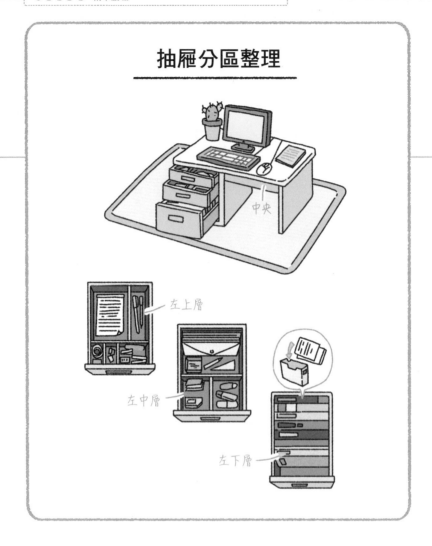

抽屜分區整理

中央

左上層

左中層

左下層

分區整理的整理方法用在抽屜當中，其實講究的是區域劃分。就是先將需要放在抽屜裡的物品進行分類，然後再對應地放置在抽屜裡劃分的區域當中，這樣不僅完成了抽屜中物品的整

記住抽屜的整理法則就是分區，用紙盒隔出區域，有利於分門別類地收納物品，能避免抽拉抽屜的動作導致物品位移。

理，也精準地放置了各個物品，方便下次尋找。

左上層：這個抽屜我們可以用來放置一些不常用，但是偶爾也需要用到的文具用品，例如前文說到的文具二軍，就可以放在這裡，方便需要的時候隨時能拿到。

左中層：因為這一層抽屜需要稍微俯身才能夠拿到放置在內的物品，所以可以將一些與工作相關的小工具，比如名片、訂書機、迴紋針、剪刀、沒有使用過的文件夾……放入這裡。

左下層：這個抽屜因為位置比較低，而且很多辦公桌這個抽屜的容量也比較大，可以將一些不經常使用的或者大型的東西放置在這個抽屜內，比如我們可以用來放置大文件夾和文件盒，放一把備用的雨傘和平底鞋也是可以的。

在中央的抽屜中，我們用來放置跟進中的文件和當前工作所需的各種資料等。

另外需要特別說明的是，整理抽屜的方法因人而異，但請記住，重的物品放在最下面是鐵律！

CLEAR ARR-
ANGEMENT

五種整理類型，你是哪一類？

　　由於認知的不同，每個人對「整齊」這個概念的理解也不相同。愛乾淨的女性會認為，文件收納妥當、桌面乾淨的環境是整齊的；但粗線條的男生也許會認為，只要沒有垃圾就算是整齊的環境了。

　　為了能夠清晰地瞭解自己是屬於哪種整理類型的人，我們不妨透過一個有趣的小測試來一探究竟——請先翻到第127頁完成測試。

　　完成測試之後，相信各位都能夠知道自己是屬於哪種類型的人了吧！下面我們來具體看一下每種類型的人有哪些特性吧！

Type1：不關心型

　　這種類型的人打從心底就認為不需要收拾，生活中根本就沒有想要收拾的想法或欲望。即使身邊的人經常會要求他進行整理，但是他依舊會我行我素，不在意周圍的變化和他人的想法。這種類型的人體現在工作中也是這種症狀，對工作漠不關心，也不在意同事對他的看法，辦事效率不高，更沒有想要改善這種工作狀態的想法。

拿出你的筆，一起動動手，動動腦。

| 1 圖解製作運用 | 2 整理公事包 | 3 電腦檔命名 | 4 整理類型小測試 | 5 製作家用計畫表 | 6 理順工作流程 | 7 時間統籌安排 |

Type2：拖延型

這種類型的人並不是不想整理，只是每當下定決心要執行時，卻總是找這樣那樣的藉口拖延整理的時間，也許在制訂下整理任務的一個月內會進行清理，只是那已經離下決心的那天很遠了。他們通常擁有一種不太好的症狀，就是我們常常提到的「拖延症」。他們不是主觀意識不去做，而是總被各種理由「拖延」住了而已。這種類型的人工作效率非常低，需要有人不斷地催促和監督才有可能按時完成任務。

Type3：迷失型

這種類型的人有想要整理的意願，也會做一些整理的目標。但是雖然目標設定得很好，卻在實施的過程中不斷迷失，就像走進了一個迷宮，不知道怎麼出來，最後並沒有達到他們想要實現的目標。他們雖然有目標設定的概念，卻沒有整理和分析過程的能力，容易被誘惑，也沒有很強的決斷力；有收集情報的癖好，卻不知道這些情報具體該用在哪裡；不能很明確地分析事情的輕重緩急，導致容易受到挫折。

CLEAR ARR-ANGEMENT

介紹完整理工作環境的方法，各位就可以馬上實踐囉！

Type4：還原型

這種類型的人非常有趣，但與其說是「還原型」，還不如說是「堅持能力差型」。他們會有意識地進行定期整理，但是往往整理沒多久，就又回到沒有整理時的樣子，維持不了多久，所以說堅持能力差。他們對工作非常熱情，目標也制訂得非常準確，但往往只在最初的時候幹勁十足，半途而廢的情況十分常見。

Type5：收拾大師型

這種類型的人就是我們傳說中的「大神」級別的人物了，他們不僅整理能力很高，辦事效率也非常高。能夠快速地整理和收集到需要的情報，並在很短的時間內判斷這些情報是否必要。他們往往是工作中的領袖人物，能夠帶領眾人出色地完成任務。

看完這幾種類型的人的分析，有沒有和你目前的狀況很像的呢？當然，這只是一個小小的測試，一旦擁有了完善、良好的整理力，那麼你的思考力、工作能力也會相應地提升。所以要從現在開始正視自己的整理習慣，嚴格要求自己，並努力提升自身的整理力。

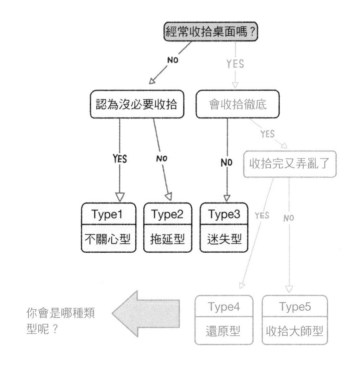

簡 單 實 踐 法

桌面清潔度測試

經常收拾桌面嗎？

NO　　　YES

認為沒必要收拾　　　會收拾徹底

YES　　NO　　　　NO　　YES

收拾完又弄亂了

Type1	Type2	Type3
不關心型	拖延型	迷失型

YES　NO

你會是哪種類型呢？

Type4	Type5
還原型	收拾大師型

ACTIVE
TALKING

總 結 篇

Theme 1　人會被辦公室的工作環境同化。在一個地方待上半年時間，會漸漸習慣這個環境。

Theme 2　辦公桌可以按區域劃分。

Theme 3　整理、整頓只是一次暫時的狀態，關鍵是維持好這種狀態，並且把收拾習慣化。

Theme 4　將文具分為一軍和二軍後，便可以根據使用習慣和頻率，為它們找到合適的位置。

Theme 5　讓物品都豎立收納才是整理之道。

Theme 6　辦公桌的抽屜，是不可忽視的整理區域。

Chapter 5

財務整理做對了，改變你的財運與生活

CLEAR ARRANGEMENT

正所謂「你不理財，財不理你」，會理財的人「財運」通常都不會太差。這類型的人思路非常清晰，因為對財務方面的整理鍛煉了他們的思維。所以想要讓自己的思維能力更強，我們推薦各位學習一些簡單的理財知識，既能有助於整理自己的財務，又能鍛煉思考力。

Theme
1

整理能創造財富

　　善於整理的人習慣將生活中的各個方面都整頓得井井有條，對於金錢自然也不例外。我們把整理的習慣用到每天生活的收支進出上，會發現一些不必要的支出，不斷整理、持續改進，自然而然會發現自己在財務規畫和使用過程中的優缺點，無形之中反而能省出很多錢。

　　剛從學校畢業的職場新人，脫離了父母的懷抱和安排，自己開始掌管自己的生活開銷時，卻發現永遠看不懂每月的帳單，也搞不懂為什麼這個月會花掉這麼多錢，更不清楚這些錢都花在什麼項目上。

　　正所謂「你不理財，財不理你」，會整理的人在思維上也是有著嚴謹邏輯和清楚規畫的。所以這種精確的整理力一旦反映到財務方面，說不定可以幫助你創造更多的財富。

　　很多人想要理財，卻雜亂無章，找不到方向。殊不知理財的第一步就是要先瞭解自己的資金流向。而喜歡整理的人自然會對財務情況進行整理，安排好日常開銷，規畫好生活的各方面，這正是學會理財的第一步。

精確整理不只談是對物品的整理，也包括對財務的整理。

面對一張張帳單你是否覺得很無力

將財務定期進行整理能讓你更瞭解資金的流向

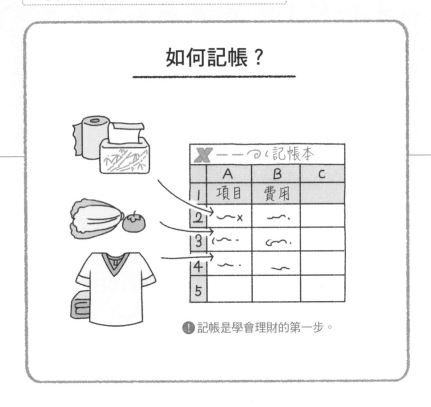

如何記帳？

	A	B	C
	項目	費用	
1			
2	～ x	～.	
3	(～.	(～.	
4	～.	～.	
5			

❗記帳是學會理財的第一步。

　　整理財務狀況的第一步就是開始記帳。這是一項看似簡單卻又難堅持的事。**記帳不需要你會算損益表（Profit and Loss Statement，簡稱P/L）或者掌握其他財務知識，只需把一整天的每一筆費用，都詳細地記錄。**

　　比如，你可以先準備一個適合自己記帳的小帳本，然後隨時記下類似於「午餐外食，支出45元」或是「第二季度獎金，收入3000元」等明細，每週或每月進行一次統計，自然會發現哪些支

每次在消費之前，記得提醒自己這樣的消費是否實用或者有意義，你會發現自己慢慢學會了理性消費，這種進步會讓你充滿成就感。

出合理，哪些不合理。

　　而且現在有很多手機APP提供了記帳的功能，十分實用，可以用來幫助自己養成記帳的好習慣。如果你是個傳統的人，還是習慣用紙筆的話，可以準備一個帳本，或是在自己的手帳中增加一部分用來記錄；或者使用Excel試算表進行統計、求和，並且還可以自動形成圖表，十分方便。

　　當你開始記帳，你會逐漸養成在購物前反思的小習慣——「這份報紙真的需要嗎」、「奶茶……不如從明天起自己用保溫杯帶水吧」、「這件衣服雖然不貴，但是已經有了類似的款式，先不買吧」……久而久之，從前那個衝動消費的你變了，開始變得只買少而精的物品，這對維持「斷捨離」的生活狀態十分有益，因為在收入短、時間無法增長的情況下，只有從支出上減少，才能保持財務清爽的狀態。

支出分配先規劃，消費目的最明確

　　我們熱愛整理，提倡勤儉節約，目的並不是要讓生活變得緊湊，而是透過節制和計畫，讓生活維持在一個剛好的狀態。因此，我們並不反對支出，因為合理的支出是必需的。

　　很多時候，正是這些支出豐富了我們的人生，給我們帶來了快樂和滿足。你與自己心動不已的物品相遇時，「立刻就要擁有」的感受一定十分強烈。這個時候，請問問自己：「這樣的支出，是必要的嗎？」當然，在你心動的時候，這個問題的答案一定是肯定的。現在很多年輕人喜歡網購，每當衝動之時，清空完購物車後隨之而來的想必也有「悔恨」吧！

　　該買的東西還是得買，合理的消費並不會讓你一貧如洗。如何精準地整理和規畫你的支出，才是理財最重要的部分。

　　我們可以嘗試著將每月、每季或者每年的支出劃分成三個部分，分別為消費、投資和浪費。這三個部分都是必要的支出，既要求自己合理地消費、適度地投資又能夠偶爾放縱自己產生一點浪費。這樣規畫後的支出才能讓你既可以夠體會到消費的樂趣，又能夠在合理的範圍享受這種感覺。

我們提倡合理規畫消費，並不是說就一定
要在各方面過分節制。合理地給自己預留
一點「浪費」的空間，讓適當的「墮落」
提升你的幸福指數。

隨心所欲的「買買買」會造成財務負擔

提前合理地規畫支出讓消費目的更明確

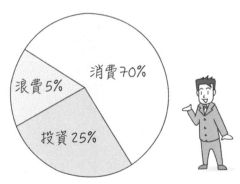

消費70%

浪費5%

投資25%

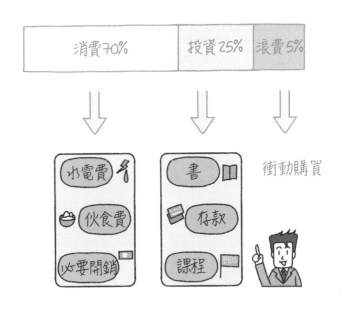

規畫支出

消費70%　投資25%　浪費5%

水電費
伙食費
必要開銷

書
存款
課程

衝動購買

　　合理「買買買」的前提是先整理，首先要認識到不同的支出都需要設置不同的份額，做到對資金流的走向都胸有成竹，最終實現財務自由。在進行財務整理與規畫中，嘗試著把支出分成三部分：消費、浪費、投資。

　　最好的比例是70%消費、25%投資、5%浪費。

> 把理財分成三份，能讓支出保持在我們的可控範圍之內，即使有偶爾的浪費，也不至於超出底線。

　　消費是占支出份額中最大比例的項目，用於生活的必要開支，伙食費、水電費、通信費用、交通費用等。一切維持生活的支出，都屬於消費。對於這一部分你不需要有太大的壓力，正是這些消費才構成了我們豐富的生活，沒有必要為了節省而一味縮減，降低自己的生活品質，這是與我們的初衷相違背的。

　　投資所占的比例並不算高，這是針對一般人而言的。買書、報名培訓課程、存款、購買金融商品等等，都是投資。投資的確是一項支出，但它能帶回預料之外的收穫，這方面的支出是不可省的。**既然是投資，必然有風險，所以投資的同時，將風險保持在可控範圍內，是我們要注意的。**

　　浪費是支出份額中比例最小的部分，它時刻提醒我們，可以衝動但不能將其作為你的消費習慣。小小的「浪費」，也許可以給我們大大的滿足。試著在中規中矩的生活外，給自己預留一點點空間。

Theme
3　皮夾整理的三個訣竅

　　錢包是我們財務狀況最直觀的反映,一個善於整理自己財富的人一定擁有一個整潔的錢包。無論是長款還是折疊款的皮夾,唯有整潔的錢包才更容易招財。

　　你是不是經常有這種情況:去便利商店,當結帳人員問你是否有零錢時,你明明記得錢包裡有,但就是找不到,相當尷尬。當然,錢包非常整潔的人是不會出現這種小問題的。或許有人會覺得,把錢包裡的錢放得整整齊齊未免有些費事,有時候接到找回的零錢,就一把塞入錢包裡——這是一種很不可取的行為,看似快速卻帶來後患。接到零錢後,按順序放入錢包的過程,也能藉此審視它們,這個過程可以有效地避免收到一些明顯的假幣、破損錢幣;同時這也是一個清點的過程,保證收到的金額無誤,對錢包裡的餘額也心中有數。

　　掌握好自己錢包裡的現金能預防很多事故,像是有的人對自己錢包裡實際有多少錢沒有概念,出去吃飯結帳時才發現錢不夠,只能臨時到最近的ATM領錢,不僅尷尬而且還有可能因為跨行提款被多收手續費,造成不必要的支出。

不能為了省事而把錢一股腦地塞進錢包，
貪圖一時的方便會導致以後極大的不便。

翻遍整個錢包找不到零錢很尷尬

整潔的錢包讓你一目了然

如何整理錢包？

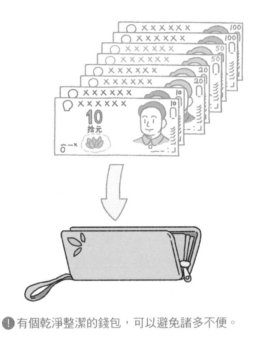

❗ 有個乾淨整潔的錢包，可以避免諸多不便。

　　什麼樣的錢包可以稱作是整潔的錢包呢？首先，錢包本身應該是乾淨的，無論新舊，不要有明顯的破損和汙漬。其次，打開錢包，將紙鈔展開或折疊好，按照面額大小排列；卡片則按照重要程度、使用頻率排列；集點卡、團購券等不要張張都隨身帶著。需要多說一句的是，購物集點卡根本是商家用來束縛我們的

把錢幣按照金額大小順序擺放，統一朝向。儘量少帶集點卡，它們沒有省錢的作用，反而占用了錢包有限的空間。

鎖鏈，我們應該主動避免去辦理這些卡券。

具體做法有以下幾點：

1. 紙鈔不要夾雜著疊放

將紙鈔按照金額大小排列，把相同面額的紙鈔放在一起。這樣的擺放，可以對錢包內的現金總額一目了然。

2. 統一朝向

將紙鈔按照統一的朝向放好，比如將有人像的一面統一向前。這樣的擺放，避免了取錢時無意中多拿出一張等窘態。

3. 由上到下，按面額順序疊放便於取出放入

平時生活中的支出，一般還是以小面額往來居多，所以將100元、200元、500元按照從上到下的順序排列，方便日常使用。而1000元面額的紙鈔，由於顏色、大小都很醒目，即使放在最下方，也不影響我們在需要的時候迅速地抽出。

Theme
4

衝動購物是
三重浪費的元凶

　　每月的大掃除，是不是經常會發現你的房間被不常使用的物品塞得滿滿，正是由於你購入了大量不經常使用的物品，才會導致堆積的情況出現。

　　所謂「人的欲望是無窮的」，再加上在如今這個資訊時代，我們每天都會被各種各樣的廣告轟炸。而越來越多的shopping mall、越來越方便的行動支付、越來越懂消費者心理的商家行銷等因素也使得我們總會不自覺地「買買買」。

　　然而，買了不經常使用的物品等於三重浪費。我們若是一味放縱自己的購物欲，不僅會讓你陷入財務危機，更會使生活變得一團亂[註14]。正如大部分女人打開衣櫃時都會說：「啊，我沒有衣服穿。」而實際的情況是，滿滿一櫃子的衣服，卻很少有讓自己心動的。房間、衣櫥等被大量的物品充斥著，卻沒有讓自己喜歡的那一個，只能不斷去買，不斷閒置，一直惡性循環。

　　學會理性地購物，保持「不持有」的生活狀態。物盡其用代替衝動消費，購物前想一想「我是否真的需要它」，不要因為促銷或是跟風去買一些沒用的東西，造成可惜的浪費。

雖然各種形式的商店和支付模式大大地方便了我們的生活，但同時也過份地縱容了我們的浪費行為，所以抵制住這些商業誘惑勢在必行。

打折促銷往往隱藏著消費陷阱

只買需要的不買多的

三重浪費

❗衝動購物是造成三重浪費的元兇。

　　看到這裡你一定有疑問，買了不用的物品，最多是浪費了用來買它的金錢，為什麼要說是三重浪費呢？

　　第一重浪費是一般人馬上就能想到的——浪費金錢。你花費了過多金錢購買了大量不必要的用品，這就是一種金錢浪費。如果能夠省下這一部分被浪費掉的金錢，也許你能夠購買更多其他有用的物品，而不是這麼多閒置不用的「廢物」。

買回的東西精緻實用即可，物盡其用是它們最大的價值所在，我們也會因為節省出金錢、時間、空間，而有了做更多有意義事情的資源。

第二重浪費——浪費時間。為了購買這些物品，勢必會花費許多的時間去購物，而浪費的這些時間其實可以去做一些更有意義的事情。比如讀書、看電影、運動或者與朋友聚會。如果把時間浪費在購買這麼多無用的物品上，實在是沒有必要。

第三重浪費——浪費空間。買回來的東西是需要空間去承載的，你無意識地購買回來的大部分不必要的物品是需要占用更多空間存放的，這個時候你如果將有限的空間用來存放過多無意義的物品，勢必會造成空間的浪費，會給人一種「食之無味，棄之可惜」的感覺。在丟與不丟的選擇中，你一旦選擇不丟，那麼再大的空間也容不下這麼多東西。

這樣看來，為了這些「雞肋」物品，是否浪費了太多？當我們寶貴的時間和有限的家居、工作空間都被這樣的物品充斥時，我們會變得不快樂，並且和這些沉寂的物品一樣漸漸失去活力。

當我們學會避開衝動消費以及購物的誘惑，就能同時保住金錢、時間、空間這三個重要資源了。

Theme 5 適當物質享受，能激勵自我

很多時候我們的消費，其實獲得的不只是實物，而是一種體驗。這樣五花八門的體驗，豐富了我們的人生閱歷，讓我們對生活和對自己產生不同角度的理解。這樣的體驗，不能不說是用於自我調節的一次投資。與其每天過著「家→公司→家」這樣兩點一線的生活，不如學著花一點小錢，體驗一下不同的生活感受。

獨自旅行，我們體驗的是一個人走天涯的豪情；去高級餐廳吃一頓晚餐，體驗的是上流社會精緻的飲食文化；預約一次心理輔導，體驗的則是專業角度的心靈治癒之旅……。

雖然提倡理性消費，但不等同於緊張的生活。很多消費活動本身就帶有很好的激勵效果，付出的金錢會獲得超值的回報。旅行中見識的風土人情、健身俱樂部中揮汗如雨換來的健康、音樂會上動人旋律帶來的震撼、烘焙課中掌握新技能的滿足感……這些超優的體驗會讓我們成為更好的自己，也會帶來更好的人生。

每天只活在當下是不會有什麼成長的。如果我們為了省錢而錙銖必較，為了積累物質上的財富而忽略精神的享受，那麼很快我們將發現，自己變得不快樂了。

偶爾給自己一些「昂貴」的體驗,除了滿足自我的物質和精神需求之外,也能激勵自己為了獲得更好的生活而努力。

兩點一線的生活無比枯燥

增加不同的體驗豐富人生經驗

合理體驗

❶ 要注意，合理的體驗並不是讓你過不符合自身狀況的生活。

好吃

這是您的法式套餐。

很多時候，我們生活在周而復始、枯燥乏味的生活之中，漸漸地就會對生活失去熱情，從而失去了很多生活的動力。

這個時候，我們可以稍微整理一下自己的生活現狀，從自身的財務條件出發，一些屬於生活消費的購買其實可以歸納到自我投資裡去。正如我們前面提到過的，偶爾花費一些金錢去一家高

我們工作的目的是為了更好的生活，不能因為生活的壓力而對自己過度苛刻，適當的給自己一些物質上的激勵，能使自己更有動力投入到工作當中。

級餐廳預約一套法式套餐、計畫一兩次放鬆身心的長途旅遊、聽幾次高雅的音樂會、參加幾次健身房的活動等等，這些內容其實是為自己製造了體驗一下不同生活感受的機會，增加了美好的生活憧憬，然後把這種美好的生活憧憬投入到學習工作中，也是一種寶貴的自我投資。

　　當我們每天辛苦的在職場打拚、在瑣碎的柴米油鹽中用心生活，面對著各方面的壓力時，我們的確需要一些屬於自己的美好體驗。如果這些體驗可以用購買的方式來得到，也就是說如果可以用錢去換取寶貴的人生經歷，那麼這恰恰是我們努力賺錢的目的——讓生活變得更加美好。

Theme 6
搞懂集點卡陷阱，才能真正省錢

　　正如前面所提到的，購物集點卡實際是商家用來束縛我們的鎖鏈，我們應該主動避免去辦理這些卡券。因為事實證明，錢包裡集點卡多的人往往是留不住錢的。

　　大多數人的錢包裡都會有幾張集點卡、會員卡，有的女性還會用專門的卡片包去放它們，似乎人人都覺得它們是省錢的好夥伴。其實是大錯特錯了，在我們誤以為使用集點卡很划算的同時，集點卡也在侵蝕著我們的時間和精力。

　　集點卡、優惠券……其實都是商家的小伎倆。當用集點卡省下那麼一元、兩元的時候，其實耗費了我們更多的時間和精力，為何不用這個時間去創造更多的財富呢？當我們在美容院反覆計算著需要再多做幾次護理才能達到「滿十次送三次」的優惠標準時，又會在無形中增加消費的次數，從而增加不必要的支出，也浪費了自己寶貴的時間。

　　所以，老話一句：所有能用錢解決的事情不要耗費時間去做。省下那麼一塊、兩塊的小錢時，想想我們耗費的時間成本，是不是得不償失？

五花八門的集點卡如「糖衣炮彈」般侵蝕著我們的生活，要小心它！

為了集點活動又多花了錢

堅決認清集點卡消費陷阱

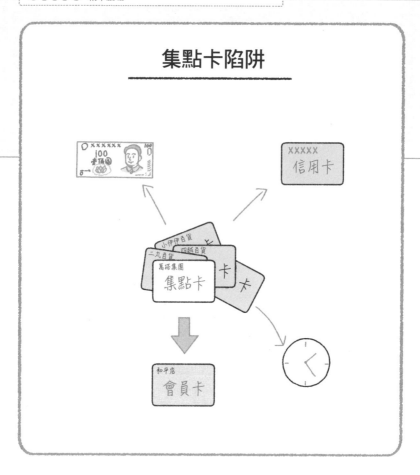

集點卡陷阱

　　話雖如此，但我們並不能將集點卡一棒打死。畢竟有的時候，集點卡的確能幫我們省下一些錢。

　　生活中大部分人使用集點卡，只是因為商家的推銷，因為這些所謂的集點卡都有著一些類似的模式，比如積點抵現金、持卡享有會員價、積點兌換禮品、滿千折百、滿十件送一件等等小優

捨棄掉無用的集點卡，可以給自己空出更多的時間去創造更多財富，或者做其他有意義的事情。

惠。但是這樣一來，你會很容易因為貪小便宜造成額外消費，為了一點點小便宜浪費自己的金錢和時間。比如消費100元才能累積1點，但是300點能抵現金1元，其實乍看似乎能夠抵掉一些零頭，但是為了抵掉這些零頭你得花費成倍的錢，買成倍的東西，容易得不償失。當然，直接打折或者優惠的卡券還是值得辦理的。所以認清這一點後，整理一下錢包裡的集點卡，只留下少量價位昂貴的店鋪跟經常去的超市即可。

如果你是某個護膚品品牌的忠實粉絲，每隔一段時間就要去購買護膚用品，那麼你每次的消費都會計入集點卡中，碰到生日月份還可能有雙倍點數。這樣常去光顧的店鋪，大量的點數不僅會提高你在店鋪的貴賓程度，也可以讓你擁有兌換產品的優惠，何樂而不為？

但是在這裡也多說一句，很多人往往因為貪圖點數兌換的小禮品，導致家裡堆滿一些不需要的物品。因此我們再次提醒，不需要的東西，不要因為便宜實惠就去擁有它。如果這個集點卡所提供的優惠對你來說並不實用，那麼再好的禮品也可以放棄。

CLEAR ARR-
ANGEMENT

家用計畫表，
如何製作？

在本章第一節，我們向各位講述了學會理財的重要性。而學會理財的第一步就是要懂得記帳，但是該如何記好這筆帳呢？雖然現在市面上有許多功能齊全、外表美觀的記帳本供大家選擇，但是什麼樣的記帳本才是最合適自己的呢？接下來，我們就來向各位講解一下如何製作一份簡單的家用計畫表，以便在選購記帳本的時候作為樣式的參考。

家用計畫表其實也就是我們日常所說的帳本，帳本的形式會影響我們記帳的習慣，而且我們可以學著用簡單家用計畫表來記錄日常的收入和支出情況。

在這裡，我們將家用計畫表分為三個部分（見第157頁）：

1. 日曆式的購買紀錄

這個內容可以與日曆結合，在日曆的每一天上按照時間順序詳細寫下每日的購買紀錄。比如9月12日上可以標註「購買衣服一件，1000元」，按照這樣的模式，用心記下每天的收入和支出，堅持三個月就能大致看出你的一些消費習慣。而這個日曆式購買紀錄還可以與購物清單結合使用，事先將需要購買的物品和

購買時間標記在日曆上，到標記的那天進行了購買活動後，再將已買的物品畫掉，不斷完成小小的購物夢想。

2. 每月的收支表

每月收支表實際是建立在每月的收支情況上的，以一個月為單位，計算總收入和總支出。看看是否出現赤字，為下個月的財務計畫做參考。

每月的收支表記錄一個月內不同類型的收入和支出。將一些支出和收入內容分為一些小項目，類似衣、食、住、行、通訊、充電、人情、美容、其他等各個方面，這樣就可以讓我們直觀地看出自己在哪一方面的花費比較多，並總結在下個月是不是可以適當減少這方面的支出。

3. 每日的支出明細

每日的收支明細能夠清楚地反映當日的消費狀況，事無巨細地都要記錄上去，不論額度的大小。這種明細表可以用流水帳的形式進行記錄，比如早餐40元、通勤費60元、午餐150元、網路購書300元、朋友聚會500元、意外收入250元……用這樣的方式

CLEAR ARR-ANGEMENT

如果覺得紙本的計畫表不方便收納和保存，可以使用一些比較合適的 APP 軟體。

記錄支出。為了避免在一天過後出現記憶的遺漏，要養成每支出或者收入一筆就馬上記錄的習慣。到了一天即將結束的時候，還可以將一天的行程都梳理一遍，避免遺漏。畢竟，準確的資料才能為我們量身訂製的財務計畫提供有力的參考。這種時候建議各位使用一些比較方便的手機APP，畢竟隨身攜帶紙筆進行記錄，在某些時候還是不太方便。

當然，這三種記帳的範本並不是唯一標準，有些人習慣一個月記錄一次；有的人習慣每天都記錄；有些人只喜歡記大宗物品的開銷，小錢忽略不計……不論是哪一種類型的人，記帳並不是錙銖必較的生活，養成記帳的好習慣只是讓你有意識地開始理財的第一步。養成了這個好習慣，能讓你擁有更好的生活。

簡 單 實 踐 法

製作家用計畫表

2016紀錄表　　　　　　　　　　　　　　　　（正面）

收入	
工資	

支出	
內容	金額
水費	～-
電費	～-
電話費	～-
瓦斯費	ー-
房租	～×
網路費	～-

（　）月 每日支出詳細表

日期	伙食費		（　）費		（　）費		今日支出合計	今日剩餘合計
	內容	金額	內容	金額	內容	金額		

ACTIVE
TALKING

總 結 篇

Theme 1
把整理的習慣應用到每天生活的收入與支出上,自然而然會節省很多錢。

Theme 2
合理的規畫也是整理的前提,把有限的收入進行劃分。

Theme 3
整潔的錢包容易招財。

Theme 4
買了不用的物品等於三重浪費。

Theme 5
我們提倡理性消費,並不等同於枯燥無味地生活。

Theme 6
集點卡很容易造成貪小便宜的消費,同時為了小便宜還要浪費金錢和時間。

Chapter 6

工作整理精準到位，每天多出一小時

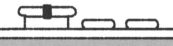

CLEAR ARRANGEMENT

　　不善於整理的人總是給人一副雖然忙前忙後，但是最後卻沒看見什麼成果的樣子。那是因為這些人不懂得透過整理讓自己的工作變得清楚、明白。雖然忙得像一個停不下來的陀螺，能做好的事情卻沒有幾件。這一章裡，我們就帶各位瞭解一下如何讓自己的工作變得清楚的整理方法。

Theme 1　隔日工作先列表，防止遺漏不混亂

　　你是不是每天都有一種人雖然到了公司，茫然地打開電腦後卻不知道要做什麼事的感覺？會不會有明明看起來有很多事情要做，卻不知道該如何下手，手忙腳亂卻還沒做好幾件事的情況呢？

　　這樣的狀況在不少新人身上時有發生，比如我們的小廣，第一週上班就出現了這種情況。

　　林組長和小星前輩並沒有安排特別多的事情給小廣，但是小廣就像陀螺一樣轉個不停，一刻都沒有歇下來。可是等林組長和小星前輩來找小廣要檔和資料時，小廣卻發現自己沒有一件事情是完整做完了，可以交差的。

　　其實小廣並不是工作不勤奮，而是沒有養成好習慣。習慣好的人會在每天開始工作前審視一下今天一整天的工作內容，並逐一列表，分門別類，以免造成第二天的重複工作，浪費了時間還沒有做完事情。然後在一天的工作結束前，整理好已完成和未完成的工作，並規畫好第二天大概的工作任務，這樣第二天來上班的時候就不會出現小廣這樣「六神無主」的狀態了。

如果不在前一天把第二天的工作安排妥當，會嚴重影響第二天的工作效率。

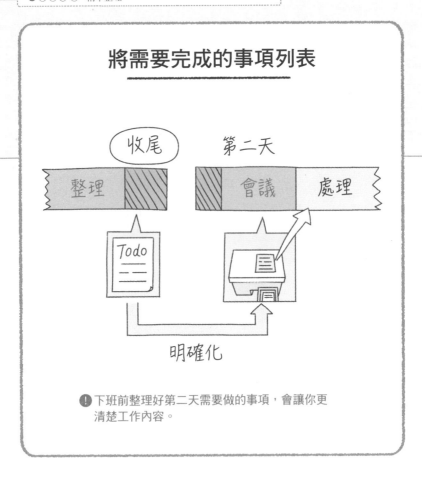

將需要完成的事項列表

收尾　　　第二天

整理　　　會議　處理

Todo

明確化

❗下班前整理好第二天需要做的事項，會讓你更
清楚工作內容。

　　想要養成上述的好習慣，我們先要學會如何去整理自己一天
的工作內容。

　　很多人第二天上班時感到迷茫的原因，就是因為不清楚自己
昨天的工作狀況及今天需要完成的工作內容。如果在前一天下班
前把這些內容都整理好了，第二天來上班時就不會出現這樣的狀

提前對自己的工作進展有個全面的瞭解，
接下來的工作就能很順利地運作下去了。

況了。為了防止「漏洞」的出現，我們建議按照以下幾個步驟來
操作：

　　首先，我們需要把今天一天做的事情做整理，比如哪些是已
經做完的，哪些是還沒有做完的；其次，把未完成的工作寫在便
利貼或者是筆記本上，並標註好完成的期限。比如今天沒有做好
的報表，明天一定要完成並上交審核的；今天沒有整理的文案，
後天一定要整理給前輩的⋯⋯。

　　接著，再把第二天要做的事情梳理一下，同樣登記在筆記本
或者便利貼上。比如明天上午需要交企畫案，下午要參加培訓會
議等等。

　　最後，在下班前將整理好的紙條貼在辦公桌前醒目的位置，
以便明天一早到公司就能夠看到整理出來的內容，這樣一天的工
作任務就十分清楚了，也不會出現像小廣那種「手足無措」的情
況了。

目的與目標，
怎麼區分？

　　人們在思考的過程中，經常會把目的和手段弄混，將原來用於實現目的的手段錯當成了最後的目的來實現。其實，很多時候很多人也會將目的與目標弄混。那麼如何區分目的和目標呢？這裡我們會向各位介紹一種整理目的與目標之間關係的方法。

　　比如因為肥胖困擾著身體健康的人都會給自己訂一個減肥的目的，用盡了各種手段，累也累了，汗也出了，還是沒有達到目的。失敗的原因就是出在這裡——錯把目的當作目標去實現。

　　說到這裡，各位肯定十分疑惑目標和目的究竟有什麼區別。「目的」是某種行為活動的普遍性、統一性、終極性的宗旨或方針；而目標則比較具體，是某種行為活動的特殊性、個別化、階段性的追求或目標[註12]。某一行為活動目的的最終實現，有賴於許多隸屬的具體行為活動目標的實現，目的的內涵的精神是貫穿於各個具體目標之中的。在有意識區分兩者的英文著述中，目的用的是 goal 一詞，目標則用的是 objective 一詞。

　　看到這裡，你是不是還有些疑惑，我們來利用以下文章中減肥的例子具體說明一下，如何透過整理的方法區分目的和目標。

大多數人會錯把目的當作目標，導致自己在執行的過程中沒有一個清晰的引導。

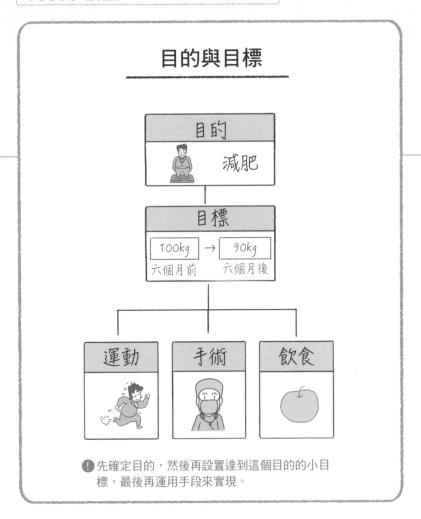

目的與目標

目的
減肥

目標
100kg → 90kg 六個月前　　六個月後

運動	手術	飲食

❶ 先確定目的，然後再設置達到這個目的的小目標，最後再運用手段來實現。

　　1. 首先，在選擇做什麼事之前，要明確知道目的是什麼。上面我們說到目的是抽象、宏觀的宗旨或者方針，那麼例子中因肥胖困擾身體健康的人，他的目的應該是獲得健康的身體。

把目的當作目標的另一個弊端就是，在執行的過程中是為了實現而實現，並不清楚自己最終是想要達成怎樣的理想狀態。

2. 既然訂下了目的，就要開始尋找達到目的的過程中需要具體建立的目標。這個時候我們可以以六個月內減重十二公斤的目標來實現這些目的，那麼在六個月內達到這個目標（結果）就是你的目的。「目的是應達到的效果（結果），目標是要達到效果的量化指標」，從上例來看，目的與目標有共同的結果，但是目標更側重於可量化。例子中六個月便是可以量化的，目的是沒有任何時限的，有時候人們常說要在多長時間或什麼時候達成什麼目的，其實這個時候的目的是可以量化的，也就是變成目標了。

3. 然後根據你定下的目標由此找出作為手段的具體行動。比如運動減脂、手術減重、合理飲食等等方法，用以實現這個目標以達到實現目的。所以在不清楚目標和目的的時候，試著學會整理一下目的、目標以及手段之間的關係，能夠幫助你制訂正確實現目的的方案。

Theme 3　目標階段化，有助於達標

　　剛入職的新人總是對工作有著滿滿的熱情，目標通常都制訂得十分宏大，但是往往堅持不了多久就敗下陣來。因為你會發現，不管你多麼努力，卻總是達不到你制訂的目標。長久下來，不僅會消磨工作積極性，還容易產生消極的心態，這樣對生活和工作都是極其不好的。

　　小廣初入職場，只想把畢生所學都用在工作上，所以學習別人為自己制訂了一個工作目標——升職、加薪、當上部門主任。剛開始的幾個月，小廣還工作得非常認真，也很積極，找到機會就表現自己。但想不到的是，兩年過去了，小廣不僅沒有達到自己初進公司制訂的目標，還因為一時大意犯了一個非常嚴重的錯誤，被降薪處罰。小廣百思不得其解，自己制訂的目標真的那麼難實現嗎？

　　其實不是小廣的目標難以實現，而是小廣過於急躁，「一口氣想吃成一個胖子」。人都是階段性成長的，剛出生的小孩不會一下子變成青少年，所以學會把目標整理、區分成階段性進程，有利於你實現最終目的。

想「一口氣吃成一個胖子」是不可能的，只有將目標進行階段性分割，才有希望慢慢達到自己想要的狀態。

想法雖好，但是想一躍而上卻沒那麼容易

認真地做好規畫整理能夠幫助你快速提升

小廣的職業規畫

三個月	通過試用期
六個月	獨立完成專案
一年半	升級成小組長
三年	成為部門主任

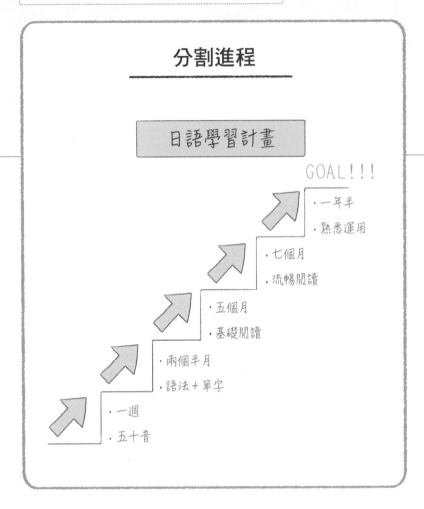

　　在前面一節的內容中，我們說到了如何透過整理的方式正確制訂目的和目標，那麼在正確制訂目標之後，就需要合理劃分實現目標的進程了。這裡我們以學習日語能夠達到熟練運用為目標，來將達到目標的進程分解一下。

階段性分割後的目標，看起來數量很多難以實現，但其實它們會讓你對進度有一個清晰的掌握。

　　首先，制訂終極目標——學習日語能夠達到熟練運用的程度，時間為一年半。然後我們將達到目標的過程再細分一下，可以以時間為單位，也能以程度為單位，具體細分成多少個階段可以根據目標實現的困難程度來劃分。這裡我們將學習日語的目標分為五個階段：

　　階段一：學會五十音（一週）

　　階段二：掌握基本語法以及一定的單字量（兩個半月）

　　階段三：能夠達到閱讀簡單文章的水準（五個月）

　　階段四：可以流暢地閱讀比較複雜的文章（七個月）

　　階段五：能夠熟練地運用，包括聽、說、讀、寫（一年半）

　　雖然看起來把整個目標複雜化了，但其實是清晰化了。這樣你就能夠清楚地知道每個階段需要實現的小目標，然後一一攻克，逐漸進階，這樣每完成一個小目標都能夠給你繼續前進的動力，實現目標就不會那麼遙不可及了。

　　馬上要實現一個很高的目標很容易遭受挫折，因此劃定一個個階段，一段一段地上升才能解決。

職場社交懂整理，尋求協助最快速

　　印表機沒墨水了應該找誰？電腦沒網路了要找誰？咖啡機壞了應該找誰？財務報表審核要找誰……工作中我們經常會碰到各式各樣自己不能解決的難題，這個時候你所擁有的強大工作人脈關係，就能夠幫助你及時地解決。但是，一旦你沒有清楚地將這些人脈關係整理並分類，那麼出現了問題也不能夠及時地找到相應的人來幫助你解決。

　　小步雖然是剛進公司的新人，但是因為性格開朗，很快就和大家打成了一片，擁有良好的社交關係，只要是小步請求幫忙的，大家都會很熱心地為她說明。但是偶爾小步也會有犯傻的時候，比如印表機壞了應該找負責辦公室器材管理的小澤，她卻稀裡糊塗地找了網路部的小池；電腦當機打不開的時候應該找網路部的小池，她卻又犯迷糊找了行銷部的小廣……雖然大家都覺得這樣的小步很可愛，但是小步卻很尷尬。

　　人緣好是一項有利於工作的技能，如何活用身邊人的長處也是一項基本技能。當知道哪些人是可以為你所用時，如何整理出一份完善的人際關係表也是一門學問。

在工作中，人緣好是一項非常好的技能，但如果不對這些良好的社交資源進行整理，好人緣就不能最大限度地發揮作用。

工作社交關係不整理會出現找不到對應人的情況

清楚瞭解你的社交關係能更便捷地獲得幫助

整理人際關係

> ❗ 很久不整理你的人際關係,可能會在需要對方說明的時候出現尷尬的局面。

　　每個工作專案都可能有好幾位負責人,當進行不同的工作專案時,所要接觸的也不會是固定的幾位,當你接觸的專案越多,人員關係就會變得複雜,如果不好好整理一下這些人際關係,很有可能會遇到之前小步出現的情況。

整理好人際關係後，也要注重維護，才能在自己需要協助的時候順利地得到別人的支持。

所以，在這裡我們教各位一個整理人際關係的方法：

1.先對正在運作的專案合作人員進行整理，以專案為單位，製作表格。

2.將每個專案中負責不同部分的人員標註在表格中，包括職位、工作內容、擅長的事情、聯繫方式以及他的人際關係等等都寫清楚，以便於日後擴展人際關係時可以參考。

3.分析大家擅長之處，以及與自己工作相關的地方，確保一出現相應的問題就能及時找到擅長解決此類問題的朋友來幫忙，而不是選擇困難、病急亂投醫。

4.要注意在工作剛開始的時候，就跟這些朋友保持良好的聯繫，避免只在有需要的時候去尋求朋友幫助，那會讓人覺得十分唐突。

另外，需要重點說明的是：整理人際關係的表格其實是為了能夠讓大家更好地去維護人際關係而產生的。平日裡沒有很好地維護，當你需要的時候突然去尋求幫助，不僅成功率會降低，而且也會給人不好的印象。

纜車式管理，
找出問題改善快

　　工作當中我們經常會聽到「階段性整理」這種說法，那麼何為「階段性整理」呢？就是每工作一段時間後，對照你實現和制訂的工作目標，整理一下目前的工作內容和工作狀態，把完成的部分整理清楚，然後進行改善；把未完成的部分也整理出來，反思為什麼沒有完成，對照目標繼續完成，直到最後得到改善的方法。這是：制訂目標→製作計畫→實施計畫→確認計畫→改善→制訂目標，然後再反覆循環的過程。

　　初入職場，小廣經常會遇到這樣的問題，明明是按照自己制訂的工作計畫進行工作，但最後總是一事無成。他的問題就出在沒有設定目標，而是盲目地設定一些所謂的計畫，以為只要按照這些計畫執行能夠成功。相反地，小步總是會在制訂工作計畫之前先給自己訂一個工作目標，比如三個月內能夠熟練地使用XX軟體，那麼她就會針對這個工作目標制訂一些相應的工作計畫，這樣實施起來也比較容易能在短時間內看到成果；如果計畫行不通，也可以及時地發現問題，並修改目標或者計畫。工作起來也就不會像小廣那樣漫無目的、橫衝直撞了。

如果出現兩者不一致的情況，就要對計畫進行反思和改善。

計畫1：……
計畫2：……
計畫3：……

三個月後

過程中沒有反思

計畫1：失敗×
計畫2：失敗×
計畫3：失敗×

目標：學會XX軟體。
計畫：三個月後熟練使用。

三個月後

過程中不斷反思

原來這麼簡單，已經可以熟練操作了！

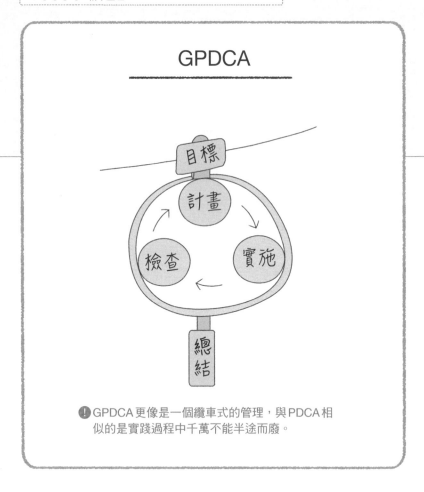

GPDCA

❗GPDCA更像是一個纜車式的管理，與PDCA相似的是實踐過程中千萬不能半途而廢。

　　除了能夠持續改進的PDCA（Plan-Do-Check-Act的簡稱，由美國學者愛德華茲‧戴明〔William Edwards Deming〕提出，是用來提高產品品質和改善產品生產過程）循環外，在實際運用過程中，還有一種高效的專案管理模式與PDCA循環非常相似。它的特點就在於懂得設立目標管理的人比盲目地進行管理的人要聰

這裡的 GPDCA 是注重計畫、實施、檢查之間的循環，而從前我們提到的 PDCA 是計畫、實施、檢查和處理之間的循環，大家要注意區分哦！

明，我們把這種整理的過程叫作 GPDCA。

　　G：Goal 目標。在工作中，首先必須確立目標是什麼，這是工作環節中最重要的事，之後的實施手段都要圍繞這個目標進行，所以當你準備開始做某件事情之前，先設定好目標很重要。

　　P：Plan 計畫。與 PDCA 循環相似，這裡也是制訂計畫的意思，但有所不同的是，我們所有制訂的計畫都是需要圍繞之前制訂的目標存在的。

　　D：Do 實施。做出相應的實施計畫。

　　C：Check 檢查。與 PDCA 的情況一樣，如果效果不理想，就要檢查計畫或者實施過程中是否出現了問題。

　　A：Action 處理。對此次計畫的實施是否最終達到了之前制訂的目標而進行評價和改善。

　　需注意的是計畫、實施與檢查這三階段與之前說的 PDCA 循環不同。**PDCA 循環是指計畫、實施、檢查和處理之間進行的循環，而 GPDCA 只是在計畫、實施、檢查之間循環，檢查也是看循環過程最後產生的結果是否與之前制訂的目標一致。**

Theme 6 分工清單如何寫？避免重工與疏漏

　　在職場中，很多工作並不是憑一己之力就能做好的，大部分工作都需要團隊合作才能順利完成。但是即使是團隊合作，也有合作得成功的與失敗的。大部分不成功的團隊合作，主要也是與沒有整理出分工的流程清單有關。那麼何為分工流程清單呢？我們來舉例具體說明一下：

　　小廣進入公司後沒多久，公司就舉辦了一個趣味競爭比賽，將老員工和新員工分成兩組進行競爭。小廣作為新人組的組長，感到無比緊張，就怕出錯。但對於工作安排方面，卻是隨意分配，並沒有整理出一個詳細的分工流程清單，等到專案收尾時，他還搞不清楚究竟哪些人應該在什麼時間做哪些工作。

　　反觀老員工那一組，林組長在任務下達後，就馬上把分工流程的清單整理出來，明確地規畫了任務的各個項目，並擬定了各自的負責人，完成的時間也安排妥當，這份詳細的分工流程清單幫了大忙。

　　由此看來，在團隊工作中列出一份合理的分工流程清單，是團隊工作順利完成的重要前提。

有團隊的地方就有分工，但是如果分工沒有明確項目、負責人、期限等，接下來的工作會變得一團糟。

分工會談……

你們隨意選擇自己想做的事情做吧！

會議室

小星你做資料收集，小池你做資料整理……。

好的！

好的！

會議室

列出分工流程清單

項目	負責人	確定日期
調查	林組長	7.31
策畫方案	小廣	8.6
資料整理	小步	9.20

❗有了清單也需要隨時追蹤工作進度。

　　基本上，所有的工作都不是一個人單獨就能完成的，所以團隊間的組員認識、資源共用都很重要。那該如何整理出一份清楚的分工流程清單呢？具體做法有以下幾點：

　　1.先把需要做的專案進行分工處理。比如一個專案可以分為資料收集、資料整理、外部聯繫、內部溝通等，總之在開始專案前先把項目進行合理化拆分。

　　2.將任務分配給各個組員，並整理至表格中。分配任務的方

確定好自己和大家的工作任務後，還要設定 checklist，以便隨時對任務進行過程跟進檢查。

法可以用開會討論的形式，也能是指定工作的形式，總之先要確認團隊中每一個人的具體工作是什麼，以確保不會有幾人重複工作或者疏漏了工作的情況發生。

3. 確定好大家的工作任務後，把自己需要聯絡的部分找出，仔細確認專案進行過程中需要及時檢查的部分，設定好每一個人負責的項目需完成的日期，並做好標記，設定 checklist，方便提醒自己在關鍵時候進行工作檢查，以確保專案順利進行。

以上三個步驟，只是製作分工流程清單的基礎步驟，你還可以在表單中加入更多、更詳細的 checklist，以便於及時檢查項目的進展情況。這樣整理後的專案工作流程，更加方便團隊工作的進行。當然不止在團隊工作，日常個人工作中，有類似上述例子中小廣所困擾的情況，不妨試著整理一下你的工作流程。

CLEAR ARR-ANGEMENT

理順工作流程，該怎麼做？

　　相信剛剛踏入職場的新手職員都在工作流程上吃了不少虧，什麼時候該聽取報告、何時要確認策畫方案、什麼時候該交給上司審核……看似平常的小事，一旦沒有整理清楚這些工作流程，就很容易出現差錯。

　　一間公司通常都有很多的工作流程。如果想法很多但流程管理很糟糕，好的計畫也容易被埋沒，導致專案胎死腹中。

　　所以，為了防止在工作過程中，流程出現錯誤或疏漏，需要在工作開始之前整理出一份比較完善的事前疏通清單，把整個過程中會出現的工作項目梳理一遍，這樣就能事先瞭解工作流程，也不怕在工作中出現嚴重的過失了。

　　具體的做法其實很簡單，在這裡我們以小廣需要獨立做一個專案為例，向各位來做詳細的介紹：

　　第一步：你收到一項任務後，需要先對分派任務給你的上司進行口頭提案。提案的目的是簡短地說明你操作這一項任務時的一些想法和做法，方便上司對整個專案有個大概的瞭解。

　　第二步：上司初步瞭解了你的提案之後，就會給你下達製作

資料的指令了。這個指令不單單是告訴你要做什麼資料，還包括資料的要求、上交的日期、完成的形態以及完成的程度等。這個時候你就需要事無巨細地記錄下這些指令，然後再和上司確認一下所需資料的方向。比如分析某類產品的銷售情況，可以從主要的銷售時間、銷售的主要人群、銷售的主要方法……這些方向去準備。在準備之前先確認好這些方向，能夠幫助你在進行專案時節省很多時間。

　　第三步：方向確定以後就可以進入準備製作階段。這個階段對於新人來說，馬上實施可能會有一些困難，但是如果可以適當根據具體提案的內容，向有不同經驗的人請教，在具體製作這份提案時就能少走很多彎路，知道了很多前輩的經驗，能踏著成功的「捷徑」前進。比如關於資料問題可以請教財務部的前輩，關於銷售情況的疑問則可請教銷售部的前輩。總之，當你需要哪方面的材料時，你可以尋找相應的同事或前輩請教。

　　第四步：大部分的職場新人對自己多少還是缺乏自信，所以當你覺得沒有把握的時候，可以在製作途中向上司確認，檢查是

CLEAR ARR-ANGEMENT

將事前準備流程都理順以後，繼續專案時就能少走彎路了。

否在方向上或者內容上有偏差。這樣可以節省糾正錯誤的時間，因為如果在最後做完時才發現問題，那基本上是需要重新來過了。

第五步：最後提案的展示階段可以用PPT的方式將你整理、做好的資料進行展示。這樣簡單、易懂的展示方式更能直觀地呈現出你的提案。

因此，一整套流程整理下來，是不是能夠從中學習到整理工作流程的方法呢？我們這裡只是舉了一個工作中常見的例子，具體運用在不同的專案和情況中，還是需要學會舉一反三，根據不同內容進行適當的調整。

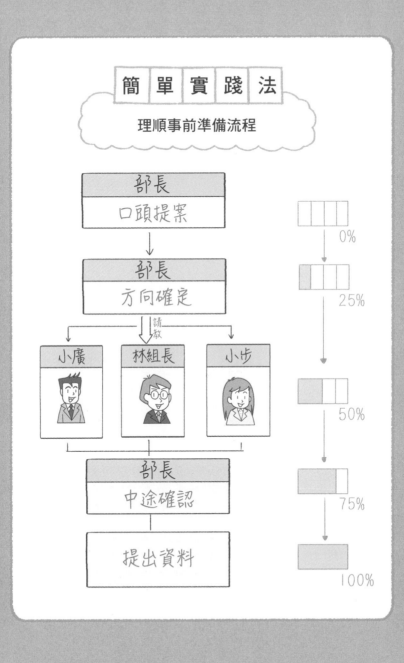

ACTIVE
TALKING

總 結 篇

Theme 1
每天工作收尾的時候最清楚明天要做什麼事情，這種時候就該逐條列出。

Theme 2
做什麼之前，要知道明確目的是什麼，為此找到具體的目標在哪裡。

Theme 3
馬上要實現一個很高的目標很容易遭受挫折，因此劃定一個個階段，一段一段地上升才能解決。

Theme 4
如何整理和合理地利用你身邊的人際關係也是一門學問。

Theme 5
在工作中，首先必須確立工作目標是什麼，這是工作環節裡的重中之重。

Theme 6
基本上，所有的工作都不是一個人單獨就能完成的，所以團隊間的認識共享很重要。

Chapter 7

不懂時間整理，
工作生活註定很糟

CLEAR ARRANGEMENT

　　最後一章了，之前在不同的領域告訴各位很多有關整理的小方法，不知道你有沒有學會呢？都說時間是最寶貴的，那麼如何整理自己的時間其實也是一件非常重要的事情。在本章中，我們就來與各位分享一些能有效整理時間的小竅門，希望能幫助你更輕鬆地去利用時間。

Theme 1 工作做不完？時間整理出問題

　　我們常常說：「時間就是金錢。」這句話強調了時間的重要性。但時間是有限的，如何在有限的時間內創造出更大的效益，我想這是每個人都在追尋的目標。

　　善於整理的人就擁有改變時間的魔法。為什麼這樣說呢？我們先來看看職場新人小廣，明明大家的工作時間都是一樣的八小時，工作任務也是差不多的難度和量，但小廣就是無法在工作時間內完成工作。起初他以為自己能夠按時完成，但最後看到大家都完成任務並按時下班，自己卻還剩下一堆未完成的工作，他也只能無奈地繼續埋頭加班了。

　　其實小廣出現這個問題的原因很簡單，因為他沒有整理自己每天的工作任務。為了追求工作效率，只想著完成眼前的工作，而忽略先把工作時間進行合理化的分配，從而導致先做了暫時不急的文件，而緊急的卻沒有時間去處理的狀況，等再回過頭來處理這些緊急的文件時，又忽略了其他事務。這樣周而復始，工作量雖然沒有增加，工作時間卻成倍地增加了。一旦陷入這種死循環，時間只會越用越多，效率只會越來越低。

工作量不大卻總是沒辦法按時完成工作，
多半是因為沒有進行時間整理。

都幾點了還沒做完工作，沒完成不準下班！

09:00-11:00 資料整理 ⟶ 緊迫
11:00-12:00 資料收集
12:00-13:30 午休
13:30-17:00 報告完成 ⟶ 重要

各位試想一下，如果你1天（8小時）浪費10分鐘，那麼1個月（20個工作天）就會浪費200分鐘，1年（250個工作天）就

座標軸能明確地幫助我們根據重要性和緊迫性，對任務進行合理的安排。

會浪費40小時（≒1.5天）。也許這一天半的時間你又可以完成一個銷售任務，創造效益呢。所以，為了不在寶貴的工作時間內浪費過多的時間，我們建議各位學會進行時間整理。時間整理的方式十分簡單，其實與時間管理的模式非常相像（如左圖）。座標軸由低到高交會形成了四個部分，分別是重要且緊迫、不重要但緊迫、重要但不緊迫、不重要也不緊迫。

　　重要且緊迫：說明這項內容不僅重要，而且需要非常快速地完成，緊迫程度高，所以要優先完成這項任務。

　　不重要但緊迫：這個內容雖然不重要，但是也需要快速完成，因為難度小，所以可安排在第二個時間段完成。

　　重要但不緊迫：因為時間要求上並不是非常緊急，可以先完成緊急的事情後，再花時間來完成這項重要的工作。

　　不重要也不緊迫：這個任務既不是很緊急，難度也不大，可以在完成了上述三種類型的任務後，再利用剩餘時間來完成。

　　將時間整理和劃分之後，工作起來就不會手忙腳亂、漫無目的了，而且還能節省出其他的時間，何樂而不為呢！

Theme	便利貼規格的妙用，
2	省時就靠它

便利貼是工作中常見的辦公用品，平常大家都會用這種小文具來製作小提醒，幫助自己記憶或是標示重點。但是你想想，一旦便利貼越來越多，需要記錄的東西也越來越雜，如何整理和利用這些大大小小的便利貼內容，也成為日常工作中需要瞭解的小常識之一。

小廣是便利貼使用愛好者，不管是做計畫、做記錄還是標記提醒都喜歡使用便利貼。他覺得這樣能夠快速地抓住重點，即便是太複雜的東西也不需要花費過多時間去整理。何況還可以隨意貼在任何地方，方便自己一眼就能看到。但實際上，在使用了過多不同規格的便利貼後，小廣出現了短暫性的迷茫。因為他常喜歡在自己的電腦螢幕周圍貼滿大大小小的便利貼，雖然一眼就能看見，但是往往需要花費些許時間仔細翻找，才能找到他想要的內容。

便利貼雖好，可還是要用對方法。使用的方法不對，原本是能夠減輕負擔的東西就會變成累贅，這就與初衷不相符了。不僅不會給工作帶來方便，還有可能會耽誤工作呢！

如果使用的方法不對，那麼貼再多的便利貼也不會對工作有幫助，甚至反而還會在尋找便利貼的內容上花費不必要的時間。

便利貼貼得過多反而會造成負擔

精準使用才能最大程度地發揮便利貼的作用

關鍵詞

項目1
項目2

今天需要交資料分析報告給林組長

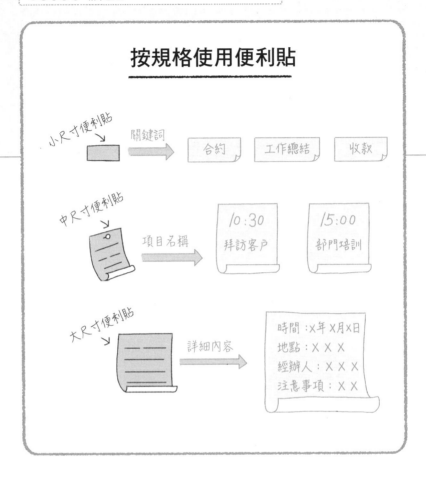

那麼該如何使用這個頭雖小、作用卻很大的便利貼呢？要想精準使用這個便利貼，應將便利貼分為小尺寸便利貼、中尺寸便利貼、大尺寸便利貼。

1. 小尺寸便利貼：關鍵字

小尺寸便利貼因為規格的限制，不能在上面做過多的標註，

需要注意的是，用大、中、小尺寸便利貼進行記錄時，一定要儘量避免寫冗長的句子，對事情的描述也不用過於詳細，自己能看懂即可。

由於能夠寫下的字數有限制，所以推薦在這些小尺寸便利貼上寫上一些關鍵字，比如合約、工作總結、收款資料……這些「短小精悍」的詞彙能夠幫助你快速聯想到要做的事情。

2. 中尺寸便利貼：項目名稱

中尺寸便利貼比小尺寸便利貼稍大，這就意味著它所能承載的內容也比小尺寸便利貼更多，只需要用簡短的詞或者短句將一件事情或一個東西寫清楚，讓人一看就能明白即可。例如結合第一節整理時間的內容來說，可以在中尺寸便利貼上寫上「10:00拜訪客戶」、「15:00部門培訓」等簡短的內容。

3. 大尺寸便利貼：具體事務的詳細內容

大尺寸的便利貼就不會因為「身材」的限制而過分限制內容的多少了。可將想要記下的內容較詳細地寫出來。

當然，我們這裡的分類只是依據常規的尺寸來整理的，現在市面上有很多異形規格的便利貼，各位可以針對它的容量來整理需要寫進去的內容。

高效會議的計時小助手

　　工作會議是工作中不可避免的活動之一，會議要是生動有趣或者目的明確，也許能夠讓人集中精力進行下去。但如果主持會議的人並沒有在會前整理出完善的會議流程的話，很有可能這個會議會讓人「痛不欲生」，並且也不知道什麼時候能夠結束。

　　小星就是這樣的人，他喜歡在會議上自由發揮，開會前也不會做基本的會議流程，往往只是訂一個會議主題，然後就開始在會議上「天馬行空」了，讓參加會議的人都苦不堪言，不僅浪費了時間，也沒有完成會議想要達到的預期目的。

　　相反的，我們的林組長會習慣性地在開會前把會議流程整理好，還詳細規畫了每個議題的時間，包括在哪些時間段進行哪些項目都有詳細的說明。這樣每次開會的時候，大家都可以抓住會議的重點，並且能夠清晰地接收到林組長想要表達的內容。不僅節省了時間，還在有效的時間內達到了想要實現的效果，可謂一舉兩得。

　　所以由此可見，整理會議流程對於會議十分重要。

　　既然整理會議流程如此重要，那麼該如何製作一份會議流程

出現說話人在會議中跑題的現象是很正常的，但如果任由說話人按照自己的意願說下去，會浪費大量時間。

呃，這個問題呢，我覺得應該是這樣的吧……

這個話題就到這裡，我們進行下一個議題……

時間	內容	備註
9:00-10:00	資料	完成時間
10:00-11:00	銷售方式	多樣化
…	…	…

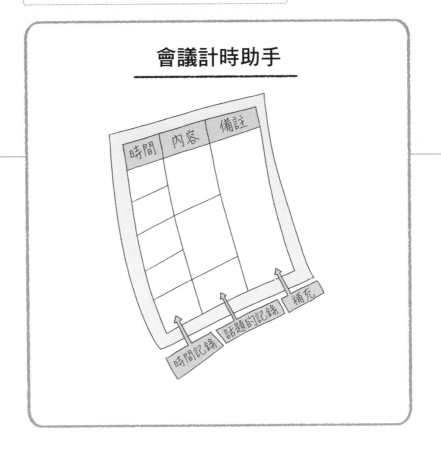

會議計時助手

表呢？

　　1. 在筆記本的頁面兩側各畫一條分隔線

　　我們經常會出現雖然在會議上做了記錄，但回頭查看的時候卻是一團亂，不知自己到底記錄了些什麼的情況。那麼會事先在本子上劃分區域的人，就有了在會議前先整理版面的意識，畫分隔線的目的就是為了將紙分為三個區域，便於進行內容的填寫。

在會議開始前，給即將要說的內容做好時間安排，一旦超出了事先安排好的時間限制，就可以及時糾正，拉回正軌。

2.將劃分區域的內容填寫進三個區域內

我們將最左邊的區域用來記錄時間，可以先設定一個會議進行的總時長，然後將這個時長根據會議的內容劃分成幾個小的階段；中間的區域記錄主要內容，這個區域主要是體現出某些時間段應該討論什麼內容，方便你控制該時間段的討論內容；而最右邊的區域作為備註欄進行補充，如果在會議進行的過程中發現一些新的點子和問題，可以備註在這個區域，同時也可以看清楚這些問題是在哪個時間段或者討論哪些內容時出現的。

3.分析會議的流程，控制時間，適當地進行話題引導

這樣的一個整理，能夠讓你在開會的時候記錄話題開始的時間，也能夠把握正在進行的話題內容是否與之前整理出的內容相關，時長是否無限制地超出原訂計畫，不會擠壓原本需要討論的議題的時間，如此一來，就可以確保在會議結束前每個議題都能進行討論。並且還可以適當地根據會議中討論的內容進行話題引導，防止出現話題走偏和浪費了時間卻沒有得出結論的情況。

Theme 4　工作怎麼安排？一天只需兩項任務

上司分派任務是再平常不過的事了，但並不是所有的任務都是你能欣然接受的，也不是每天的工作量都是你想像中那樣的。

小步和小廣是同期的新人，林組長經常會同時給兩人下達工作任務。剛開始工作的時候，小步和小廣有熱情，做事情也很積極，但是久而久之，他們開始對林組長分派任務的方式感到厭倦。因為林組長不是經常安排他們一直做相同的一件事情，就是給他們分派很多很雜的工作任務。總是做同一種工作讓他們產生了厭倦情緒，總做很雜的事情又讓他們有種「沒有盡頭」的感覺。於是這兩個新進職員對工作的熱情還沒有堅持到半年，就開始顯示出一副「老員工」的心態，完全沒有剛入職的那種幹勁了。

一天下來只做一件事情難免會產生倦怠感，但是做的事情太雜，又會覺得過於疲勞，如果工作能力稍微弱一點的人同時進行多項工作，各種任務混雜在一起還會手忙腳亂。所以無論是給他人制訂一天的任務量，還是給自己設置一天的任務量時都要注意：一天只需設置兩個任務。

這樣設置的道理非常簡單：如果一天只專注一件事情的話，

反覆做同一件事會枯燥，做太多事情又會覺得雜亂，要把握好中庸之道。

又是同一件事，無聊⋯⋯

又是一堆雜事⋯⋯

小廣你這週除了資料整理外，還要把報表和銷售資料都交上。

小步你這週做那個資料整理就行了。

小廣你這週要把資料整理還有報表都交上來。

好的！

小步你這週做資料整理和銷售資料的收集就行了。

好的！

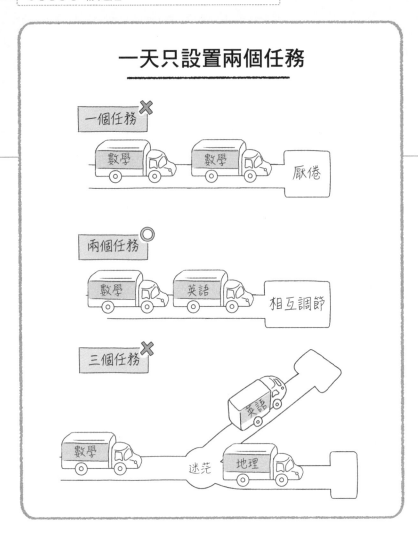

容易讓人產生厭倦感。試想一下，你從進入公司開始工作那一刻
起，一直到下班前都還是進行同一樣工作，是不是會覺得非常無
聊，甚至還會產生疲憊感，困倦的感覺只會讓你昏昏欲睡。

分配的兩個任務也要做一個比較好的規畫，儘量不做類型相同的事情，避免出現重複工作的情況。

而一天給自己設置的任務過雜，則很有可能手忙腳亂，結果幾個任務都沒能很好地完成。不僅浪費了時間，還花費了精力，卻得到一個不太好的結果。

這個時候，我們就需要來整理一下一天的任務分配了，因為人的精力有限，工作能力再強的人也有自己的工作極限，工作量過於單一會造成時間的浪費和積極性受損；而工作量過多則會造成任務完成度不高。

所以我們建議在設置一天的任務量時，只設置兩個任務，在完成其中一個任務的過程中，如果產生疲憊感，便可以換另外一個任務去做。利用兩個任務交替進行，能起到調整心情和狀態的作用，工作效率也會相對提高。

Theme

5　如何杜絕「無用社交」？

　　在前面的內容中，我們有提到如何整理自己的人際交往關係，良好人際關係的建立和發展得益於各種各樣的社交活動。在社交活動中的人們都有傳遞資訊、交流想法等目的存在，同時你也可以遇到形形色色的人，但是如果你在一場社交活動中能夠獲得的收穫少之又少，屬於不僅沒用甚至還可能產生不好影響的「無用社交」，建議還是少參加比較好。

　　就像小廣每次和小步、小澤出去聚餐時，小步和小澤兩人有共同的話題——韓劇，小廣在這種場合總是插不上話。明明是小廣先與小步相識的，沒想到幾次聚會下來，小澤與小步的關係更好了，小廣卻只能一個人悶聲吃東西。於是小廣打定主意，下次再也不參加了。

　　而與小星前輩和林組長出去聚會時的感覺就不一樣，小廣能從他們倆人身上學到很多的東西，不僅是工作上的，在生活上、思考上給小廣的啟發也不少。所以小廣決定以後還是要經常參加與這兩位的聚會，因為能學到不少東西。

　　我想，小廣應該是認定了與小澤和小步的社交活動是一場

每個人的身上或多或少都會發生一些「無用社交」，當你真正認識到它對你的侵蝕時，就會想方設法去避免了。

分辨「無用社交」

有用

無用

完善

自己

❗要準確判斷哪些社交是對自己有益的，哪些是無益的。

「無用社交」，所以才打定主意以後再也不參加了。那麼如何分辨和避免「無用社交」呢？方法很簡單：

　　1.每當參加一次社交活動，都要仔細分辨在參加完這場活動以後對自己有些什麼樣的影響。是獲得了意想不到的資訊或知

不要被別人的言行所影響,用自己的標準去判定「無用社交」,把更多的時間花在有意義的事情上。

識,還是獲得了一堆無聊的消耗感,讓人覺得疲憊?如果你參加完的感覺是後者,那麼就要記得下次盡量避免參加此類型的社交活動了。

2.與其參加一些無趣且無意義的社交活動,不如省下時間根據自己的興趣、愛好或者需求,選擇一些能夠提升自己的活動,用於充實自己。比如如果當下你急需提升自己的職業水準,不如利用省下來的時間去報名培訓班,利用學習,讓自己獲得更多的職業證照或證書,還不會耽誤正常的工作,何樂而不為?

3.每次的社交活動是否有用取決於你自己的判斷,因為判斷的主體是你個人而不是他人,不能因為他人覺得這種社交活動對你有意義你就一定需要參加。雖然他人可能是出於關心和照顧,但浪費的卻是你的精力和時間。所以在對於某些社交活動參與與否的決定上,還是必須以自己的意志為主。

Theme

6

善用下班一小時，
生涯成功致勝點

　　不知道各位工作之餘的時間都在做些什麼事情呢？下班後是回家玩遊戲、看電視劇、和朋友出去聚會、參加在職訓練，還是發展一下自己的小興趣呢？

　　這天公司節日聚會，大家在酒足飯飽後愉快地交談著，不知誰突然問大家下班之後都做些什麼。每個人都踴躍發言：小步下班後參加了日語補習班；小星辦了健身卡，每天堅持健身；小澤參加了義工社團，每週會出去參加幾次義工活動；小池正在準備職業資格考試；而林組長則是開始學習樂器了……但是輪到小廣的時候，小廣卻支支吾吾地說不清，因為他下班回家後並沒有做什麼很有意義的事情，只是無所事事，實在無聊也只能打打遊戲消耗時間。聽了大家的安排，讓小廣尷尬得不知所措。

　　其實每天正常工作下班之後，還是有比較長的時間是可以自己支配的。將這一段時間好好整理一下，哪怕每天拿出一小時，都能夠做一些自己感興趣或者有意義的事情來提升自己。而不是等著時間無情地悄悄溜走，才發現其他人都有所進步的時候，自己卻還在原地踏步，沒有前進。

與其讓生命在渾渾噩噩中度過，不如趕緊動起來，讓自己每天進步一點點。

大家閒談下班後的生活

利用多出的一小時

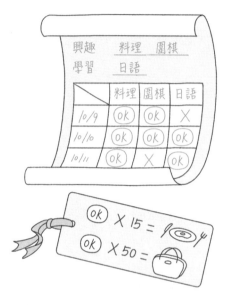

❗有獎勵才有動力，一個階段完成就可以好好地獎勵自己一下。

如何妥善利用這一個小時，具體的方法有以下幾點：

1. 找到自己感興趣的點或者急需充電的領域

一般人都會有一兩件感興趣的事情，比方說畫畫、玩樂器、健身……又或者覺得自己急需在某一個領域增加更專業的知識，或者獲得更加專業的認證，也可以利用這一個小時的時間為自己充電，作為提升能力的一個方法。

光有利用空閒時間的想法是沒有實際意義的，八小時以外的充電和擴展貴在行動，更貴在堅持。

2. 設置「時間追蹤表」

若是覺得自己一人做這件事情難以堅持的話，可以設置一個時間追蹤表來自我監督。時間追蹤表就是給自己做一個時間記錄，比如早晨9:00～10:00背誦了二十個單字；10:00～11:00做了三篇閱讀理解，並設定鬧鐘每天提醒自己，按時追蹤自己完成的情況，同時還可以把時間追蹤表放在最容易看見的地方。如果覺得一個人做太寂寞，甚至可以找朋友一起做這些事情。

3. 為自己建立一個獎勵政策

一旦下定決心要做，就必須堅持。可以為自己設立一個詳細的獎勵政策，比如小步學日語時，每當完成了一個階段就會給自己一個獎勵，這些獎勵可以是大吃一頓、出去旅遊，也可以是一件漂亮的衣服或者好看的包包，用以激勵自己繼續堅持下去。

4. 馬上行動

最重要的就是一旦下定決心後，現在、立刻、馬上行動吧！三個月後，你就會看見一個嶄新的自己。

CLEAR ARR-ANGEMENT

時間統籌
安排的四項技巧

我們在生活中常常會見到這樣的人：這些人看起來忙得像顆旋轉不停的陀螺一樣，可是他完成工作的情況卻不太好，讓人覺得他是不是在工作的時候偷懶了。職場新人一旦展現出這樣的一面，上司總是會這樣「教訓」道：「你應該先去做什麼，然後再去幹什麼，總是見你在那兒不停地忙來忙去，卻沒一件事情是做好了的。」這樣的場景，想必很多職場新人在初出茅廬的時候都有遇到過吧！

職場新人想要快速適應快節奏的生活和工作狀態，更迅速地投入到工作中，做好工作並獲得上司的表揚和肯定，就更需要學會有效地安排自己的時間[註13]。

那麼，我們如何統籌安排自己的時間呢？

1.把一天要做的事情分成四類

首先，我們要對一天需要做的事情有個大概的瞭解。比如，今天有哪些事是因為自身需要去完成的，哪些事是因為工作需要去完成的，哪些事是用於休息、享受生活的，哪些事是有可能額外增加的。先分清這四個大類，具體安排自己時間的時候就至少

拿出你的筆，一起動動手，動動腦。

1 圖解製作運用　2 整理公事包　3 電腦檔命名　4 整理類型小測試　5 製作家用計畫表　6 理順工作流程　7 時間統籌安排

有一個方向了。

2. 寫上兩個大目標

因為一天的時間十分有限，所以我們在本章第四節中有提到過，一天只給自己設置兩個任務是最合理的安排。在這份時間統籌表上，可以先寫上你今天想要完成的兩個大目標，比如你今天的目標是工作和休閒，那麼就先把這兩個目標明確訂清楚，方便你按照這個目標去實施。

3. 排列優先順序

當你的目標明確了之後，就要安排優先順序了。在本章第一節中我們有詳細說到要如何進行時間整理，而這個時間整理的方法就可以用在這個地方了。把需要先完成的任務排在前面先去完成，其他次要的任務可以稍緩完成。這樣就能夠明白自己進行任務的先後順序，避免出現手忙腳亂的情況了。

4. 緊急的事情用螢光筆標記

當然，雖然排列了先後順序，也有可能會出現非常緊急的任務。在標記任務時可以使用螢光筆，來標示任務的緊急程度，這

CLEAR ARR-ANGEMENT

統籌安排可以用在各種計畫之中,實踐過程中可以把大項目進行劃分,進行細節統籌。

樣就表示這個任務不僅需要排在最前面優先完成,還需要加足馬力才行。

　　雖然我們利用統籌安排讓工作變得高效了許多,但是在進行某項任務時,就不要再想時間安排的問題了,只需專心致志地做之前安排好的事情。這個時候你沒有其他的雜念,只專注於這一件事情,辦事的效率自然會得到提高。

　　當然,在完成了某些事情之後或者在緊張的工作間隙,我們可以讓自己從緊張的工作狀態中釋放出來,放鬆一下。以便讓自己能夠有更足夠的精力和良好的心態,繼續去完成或者進行下一項工作。

簡單實踐法

統籌安排

今天的兩大目標 ①
　　　　　　　　 ②

日期　年　月　日

自我成長 (學習＋讀書)	
工作	
享受人生	
其他事物	

ACTIVE
TALKING

總 結 篇

Theme 1	認識整理時間很重要。
Theme 2	便利貼再好用也要用對方法。
Theme 3	會議進行中需要一個能計時的小助手。
Theme 4	一個任務會讓人無比枯燥,三個任務則會讓人感覺迷茫。
Theme 5	杜絕「無用社交」,不要被他人的言行影響。
Theme 6	利用多出的時間充實自己,讓自己試著改變。

主要參考及引用書目

[註1]　日本Sanctuary出版社（2015）：**圖解整理術**。蔣春霞等，譯。北京：中信出版社，60-70

[註2]　佐藤可士和（2009）：**佐藤可士和的超整理術**。常純敏，譯。南京：江蘇美術出版社，50

[註3]　李茲（2013）：**超級整理術2**。張潔，譯。北京：中國友誼出版公司，25-30

[註4]　張一弛（2013）：**你的效率是整理出來的**。北京：中國商業出版社，45-48

[註5]　ローリエ編集部（2016）：**忙しくてもできるストレスフリーの片づけ術**。東京：SMARTGATEInc.，100

[註6]　小山龍介（2009）：**整理HACKS**。東京：東洋経済新報社，80

[註7]　梶ヶ谷陽子（2016）：**無印良品の整理收納**。東京：マイナビ出版，75-76

[註8]　生方正也（2016）：**アウトプットの精度を爆発的に高める『思考の整理』全技術**。東京：かんき出版，33-38

[註9]　苫米地英人（2014）：**75の整理術**。東京：コグニティブリサーチラボ株式會社，20

[註10]　小野裕子（2006）：**夢をかなえるファイリング：整理・整頓は人生を える**。東京：法研出版社，45-49

[註11]　松本幸夫（2016）：**片づけられないビジネスパーソンのための1分間整理術**。東京：パンローリング株式會社，55

[註12]　リタ・ポーレ（2016）：**1週間でごっそり捨てる技術。**東京：主婦の友社，88-90

[註13]　DanRoam（2016）：**1週間で8割捨てる技術。**東京：KADOKAWA，60

[註14]　日経ウーマン（2016）：**お金が貯まる！スッキリがく！片づけ＆捨て方。**東京：日経BP社，12-18

精準整理

最強！工作與金錢整理絕技，招招改變你的職場運和財富收入

作　　　者	速溶綜合研究所	

總 編 輯	鄭明禮
責 任 主 編	楊善如
業 務 經 理	劉嘉怡
行 銷 企 劃	龐郁男、朱妍靜
會 計 行 政	蘇心怡、林子文

封 面 設 計	鑼絲釘

出 版 發 行	方言文化出版事業有限公司
劃 撥 帳 號	50041064
電話／傳真	（02）2370-2798／（02）2370-2766

定　　　價	新台幣300元，港幣定價100元
初 版 一 刷	2018年1月24日
I S B N	978-986-95564-7-7

國家圖書館出版品預行編目(CIP)資料

精準整理：最強！工作與金錢整理絕技，招招改變你
的職場運和財富收入／速溶綜合研究所著；
-- 初版. -- 臺北市：方言文化, 2018.01
　面；公分

ISBN 978-986-95564-7-7（平裝）

1.工作效率 2.職場成功法

494.01　　　　　　　　　　　　　　106024487

与方言文化

附錄表格使用小祕訣

使用方法

在每一章節的末尾我們會特別為各位講解一個思考方法。

各位可以根據自己思考的內容進行填寫,用來幫助思考。

使用小技巧

後面附贈的表格頁是可以沿著虛線裁剪下來使用的,這樣更方便各位利用這些方法進行思考。

可以反覆使用

各位可以將裁剪下來的表格頁複印使用。

簡 單 實 踐 法

家用計畫表

（　）月 每日支出詳表

日期	伙食費		（　）費		（　）費		今天支出合計	今天剩餘合計
	內容	金額	內容	金額	內容	金額		

簡 單 實 踐 法

統籌安排

今天的兩大目標　①

日期：　年　月　日　②

類別 ＼ 項目	